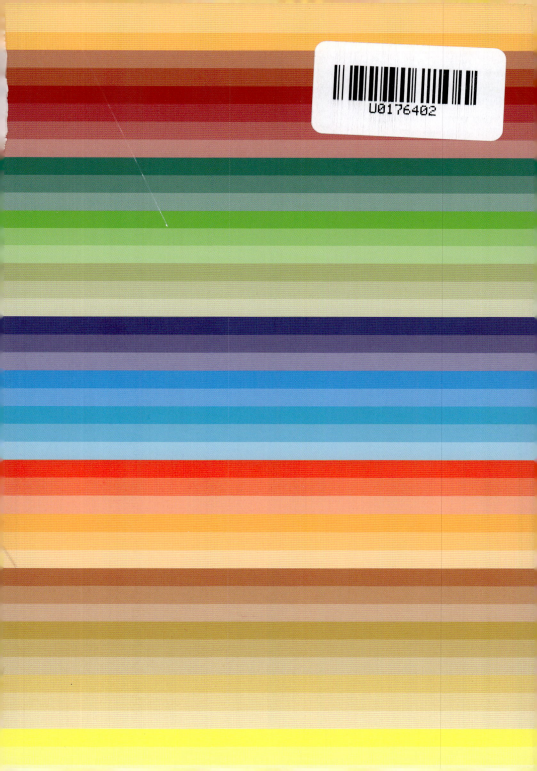

色彩搭配手册

室内设计专用系列

[英] 安娜·斯塔摩 —— 著

杨敏燕 —— 译

Anna Starmer

THE COLOR SCHEME BIBLE
Inspirational palettes for designing home interiors

中信出版集团 | 北京

图书在版编目（CIP）数据

色彩搭配手册 /（英）安娜·斯塔摩著；杨敏燕译 . -- 北京：中信出版社，2021.7
（室内设计专用系列）
书名原文：THE COLOR SCHEME BIBLE:Inspirational palettes for designing home interiors
ISBN 978-7-5217-2355-7

Ⅰ. ①色… Ⅱ. ①安… ②杨… Ⅲ. ①室内装饰设计 - 配色 - 图谱 Ⅳ. ① TU238.23-64

中国版本图书馆 CIP 数据核字 (2020) 第 202372 号

Copyright © 2005 Quarto Inc.

All rights reserved. No part of this publication may be reproduced, stored in a retrieval system, or transmitted in any form or by any means, electronic, mechanical, photocopying, recording or otherwise, without the prior written permission of the Publisher.

Chinese edition © 2021 Tree Culture Communication Co., Ltd.

上海树实文化传播有限公司出品。图书版权归上海树实文化传播有限公司独家拥有，侵权必究。Email: capebook@capebook.cn

本书仅限中国大陆地区发行销售

色彩搭配手册
（室内设计专用系列）

著　者：[英] 安娜·斯塔摩
译　者：杨敏燕
出版发行：中信出版集团股份有限公司
　　　　　（北京市朝阳区惠新东街甲4号富盛大厦2座　邮编　100029）
承　印　者：北京利丰雅高长城印刷有限公司

开　本：880mm×1230mm　1/32　印　张：8　字　数：95千字
版　次：2021年7月第1版　　　　　　印　次：2021年7月第1次印刷
京权图字：01-2021-2946
书　号：ISBN 978-7-5217-2355-7
定　价：98.00元

版权所有·侵权必究
如有印刷、装订问题，本公司负责调换。
服务热线：400-600-8099
投稿邮箱：author@citicpub.com

目录

如何使用本书	003	配色目录	030
前言：色彩在家中	006	粉红色	035
色彩和自信	008	红色	059
透析彩虹	011	橙色和棕色	079
色彩的基本理论	012	黄色	105
寻找适合你的色彩	014	绿色	131
色彩与心情	017	蓝色	157
观察光线	018	紫色	187
调节心情的灯光	020	中性色	213
色彩和情绪	022	灰色	233
寻找灵感	025		
使用色彩剪贴簿	026	致谢	252
如何制作一个情绪板	027	色彩的准确性	252

如何使用本书

本书介绍了150余种室内设计常用的颜色搭配方案,帮助你了解不同的颜色会带给人们怎样的心情,有助于你创造出想要的环境氛围。本书是一本非常实用的工具书,你可以根据书中收录的图片和文字介绍,直接找到最适合的颜色搭配,也可以将此作为参考,激发更多的创作灵感。

本书的开篇讲解了一些基本的色彩理论知识,同时给出了一系列的颜色组合方案。我们希望设计师在掌握这些基本的色彩理论的同时,也能将其有效地运用到实际的设计方案中,创造出令人满意的居室空间。本书还建议你在日常生活中寻找灵感、收集素材、感受色彩的无穷魅力。

为了方便查找,书中共分为粉红色、红色、橙色与棕色、黄色、绿色、蓝色、紫色、中性色和灰色9个颜色篇章,每个篇章又包括了不同深浅色调的组合,从鲜艳、极度饱和的色调到较为浅淡的色调,应有尽有。除了介绍现代的配色方案之外,书中还收录了几种超越时间的经典颜色组合。这种现代与传统的结合,必定会让你大开眼界,领略不一样的装饰风格。

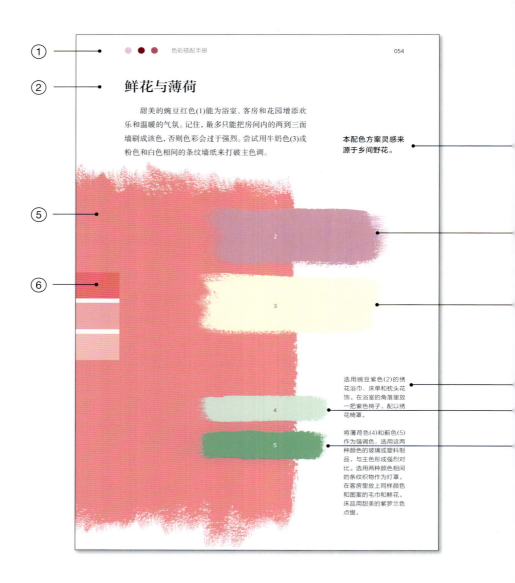

本书的编写特色

① 颜色钮：对应你所在的颜色篇章。

② 心情钮：介绍不同的颜色带给人们的一些心情暗示。

③ 颜色的介绍：帮助你理解主色调。

④ 设计风格的介绍：结合主色调的特点，给出材料、地板装饰、墙面装饰、图案和装饰物相应的搭配建议。

⑤ 墙面颜色的介绍：由于干漆和湿漆的颜色效果不同，所以在正式使用涂料前，需要先做一个小样测试，即先在墙面上涂上一小块颜色，待涂料干透后再观察颜色效果，从而决定是否选择该颜色作为房间的主色调。

⑥ 主色调毗邻色的介绍：提供更多的色调，以供选择。

⑦ 前景色的介绍：用以连接墙壁、木质家具、布艺饰品。前景色有的是从背景色中衍生出来的同色调颜色；有的是用来平衡背景色的中性色；有的是背景色的互补色，与之形成对比。

⑧ 两种突出的亮色：在单色的墙面上起到凸显效果的作用，如红色玻璃瓶在一面浅蓝色的墙面前会非常抢眼；在一组和谐色中起到平衡的作用，如将一个深巧克力棕色的饰品置入一间咖啡色的房间内。通常来说，亮色的使用量不会很多，但亮色在整体设计风格中是不可或缺的。

前言：色彩在家中

家不仅是一个有着房顶的屋子，它还是一个能让人放松的舒适港湾。千百年来，我们的住宅不断演化，呈现出各种式样和功能：餐厅、幼儿园、酒店、办公室以及安乐的居所。家能给予人们保护、休憩、平静、灵感和温暖。

色彩使家的空间发生了变化，不论是传统的老式住宅还是现代的新式家居，不同的色彩都赋予了其不一样的环境氛围，同时我们也可以借助不同颜色的涂料以实现理想中的空间风格。浅色和白色能使暗旧的房间焕然一新，变得宽敞明亮；而鲜艳的颜色，如深宝石红色和翡翠绿色，则会给人一种亲密、温暖的感觉。

现代色彩

人们从很早以前就开始利用色彩来划分领地界限或是装饰居住环境。可见，色彩的功能非常强大：唤起精神、祛除疲倦、改变原来阴郁灰暗的空间。世界上不同文化和民族赋予色彩的意义也各不相同，它们有的代表热情、感性，有的则代表宁静和冥想。

生活正是因为有了色彩和结构才会如此美丽。如今，人们可以更加娴熟地驾驭色彩，它不再是富人阶层的专属。而在100年前，在那个没有彩色电视机、没有鲜亮的杂志书本，就连纺织染料都很有限的年代，色彩对大多数人来说是一种奢侈品，整个世界也被一片灰色所笼罩。

20世纪50年代，化工工业的发展使许多新型颜料、染料和涂料应运而生，这对色彩运用的普及有着巨大的推动作用。现在，独立颜色的数量已经达到1 600万种之多。不仅如此，涂料科技的发展也使我们拥有了上千种可以选择和使用的可能，从乳胶漆到金属性涂料，从环保涂料到磁性涂料，等等。

传统与现代的结合

大胆使用对比色,如平静的浅水蓝色和一抹鲜亮如霓虹的橙色搭配。巧妙混搭各种材质,如法式家居和软金属、丙烯塑料等装饰物的组合。

色彩和自信

如今，我们设计、提升室内环境的方法有很多：通过改变涂料的颜色、搭配不同的家具、选择各色的布艺等，我们以此来表达自己对色彩设计的追求和主张。但面对如此众多的选择，究竟该从哪里开始呢？不论对于那些想要自己动手改造环境的人，还是对于专业的室内设计师而言，这个问题都会让人感到困扰和力不从心。即使涂料公司自信地宣称自己可以调配出任何你想要的颜色，但面对如此壮观浩瀚的色彩资源，你知道哪一种颜色最适合你想打造的空间吗？哪怕这些颜色只存在细微的差异。

本书编写的初衷就是为了能帮助你找到适合自己的色彩和合理的室内设计方案。让你的色彩搭配不仅能打动家人、朋友，更能提升住宅设计的品质。请先从我们为你准备的色彩理论中汲取灵感吧，这将有助于你准确地把握设计风格，从而获取更大的创作自信。

如何改善一间光照不足的客厅？

尝试使用紫罗兰色、炙热的橙色、洋红色作为点缀搭配，它将带给你意想不到的效果。

在具体实施前，你需要考虑以下因素：

- 房间的功能性
- 使用房间的时间段
- 房间中主要的建筑结构
- 相邻房间的主要色调
- 房间的主要使用者
- 房间的采光性
- 房间中的大件家具
- 你想要在这个房间中获得的心情感受

思考这些问题将有利于你更好地使用本书，帮助你更快地找到专属于自己的配色方案。

透析彩虹

　　人类识别色彩的方式非常独特,因为我们拥有着复杂和敏感的视觉系统。当然还有许多其他因素,如灯光、邻近色,以及物体表面的材质,这些都会影响我们对色彩的感知。色彩理论是一个完整的学科,本书将只介绍其中最基础的部分,希望对色彩知识的讲解,能有助于你轻松完成颜色组合、材质搭配和饰品选择。如果在这个基础上,你还能再多学一点关于为什么有些颜色会呈现出自然和谐或不和谐的知识,那么你做出的配色方案将更丰富、独特,设计的室内空间也将更与众不同、别有风味。

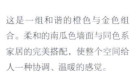

这是一组和谐的橙色与金色组合。柔和的南瓜色墙面与同色系家居的完美搭配,使整个空间给人一种协调、温暖的感觉。

色彩的基本理论

色彩被认为是生活的有机组成部分,因此我们有必要了解一下人们是如何通过肉眼来识别不同颜色的。同时,在接下来几页中讲到的色彩基本理论将帮助你更好地找到适合你的室内设计的配色方案。

艾萨克·牛顿(1643—1727)首先提出色彩来源于光线的大胆设想。经过实验,牛顿得出的结论是:光是由几种不同的颜色所组成的,一束光线通过三棱镜的折射能形成彩虹,即红橙黄绿青蓝紫。牛顿的这一理论适用至今。

托马斯·扬(1773—1829)在牛顿的理论上更进一步地提出,在七种颜色中,最基本的是红色、绿色、蓝色,即三原色。德国心理学家赫尔曼·冯·亥姆霍兹(1821—1894)又发展了扬氏理论,提出人眼识别色彩是通过光线中的红色、绿色、蓝色,并且所有物体的显现都是由这三种颜色不同程度地加码或分解而成的。这个理论被广泛接受。

黑林的色轮

在黑林的色轮中,黄色是第四种基础色。爱华德·黑林(1834—1918)对亥姆霍兹提出的色彩理论持反对意见,他认为他的图表能更真实地反映人眼感知色彩的过程。他认为黄色是被人眼识别的主要颜色之一,和红色、绿色、蓝色一样。同时,他又进一步提出黑色、白色也是人眼能够识别的主要颜色。如今,以他的理论为基础建立的自然色体系被广泛应用到配色工具中。

这是一个物体表面吸收光线、反射光线的案例。当一束光线照射到物体表面时,会形成不同的颜色,而人眼只能识别出被反射光线的颜色。

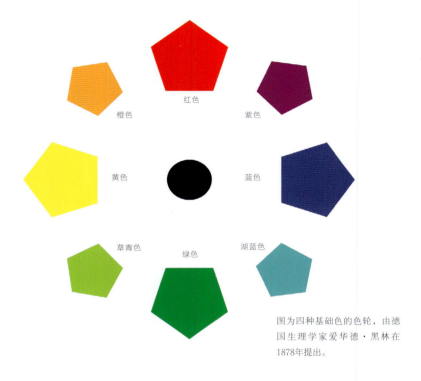

图为四种基础色的色轮，由德国生理学家爱华德·黑林在1878年提出。

和谐色

在黑林的色轮中，四种基础色为红色、蓝色、绿色和黄色。当这四种纯色被两两混合时，就有了中间色：紫色、湖蓝色、草青色和橙色。当眼睛游移在色轮上时，你总会感觉到相近的两种颜色会给人一种舒适和谐的感觉。比如，一个由黄色、柠檬黄色、金盏橘黄色、土黄色组成的黄色调，总会给人一种和谐统一的感觉。在色轮上，这些在黄色和橙色之间的颜色，就属于和谐色。

互补色

在色轮上相对的颜色被称为互补色。这些颜色互相对比，形成反差，甚至处于一种冲突的状态。通常，互补色不会被放在一起，但有时互补色也会产生意想不到的特殊效果。比如，将一把青绿色的椅子放置在一堵橙粉色的墙面前，就会形成非常新颖独特的视觉效果。

寻找适合你的色彩

了解一点色彩理论可以让你认识更多的颜色,但是我们不必墨守成规,请记住,无论科学理论和流行趋势会产生何种影响,你都是房子的主人,应该由你自己来决定并感受家的色彩。

千万不要忘记自己的喜好和兴趣。如果你喜欢浓郁、宝石般的色调,就在工作区域大胆地使用甜美的覆盆子色。你可以借助色轮知识来完善色彩的纯度和亮度,不必害怕,选择你自己喜欢的色彩即可。

选择适合自己的色彩和图案,即便它看上去与众不同或有些古怪。

简单的色彩规则

第二次世界大战后,色彩被广泛应用于室内装潢。尤其在欧洲,在经历了多年战时配给后,家用涂料被认为是一种奢侈品。在此期间,一系列的色彩运用规则逐渐形成了,它们会告诉你什么样的颜色搭配在一起效果最好。这些规则是很好的理论基础。如今有这么多色彩涂料、应用技术和表面材料可供选择,我们可以轻而易举地越过这些规则所设定的界限。

把所有红色和粉色归为一类。不同纯度的红色和粉色搭配在一起能使卧室更加亮丽且具有活力。

柔和的橙色十分温暖,但是暗色调的橙色要避免过度使用。

棕色与橙色搭配效果很好,青绿色和冷灰色是橙色的互补色。

黄色和绿色与橙色搭配效果很好。蓝色和黄色(互为互补色)能使你的居室看上去清新又充满活力。

绿色通常被视为一种中性色,用来调节房间的色彩。某些绿色调,如柔和的灰绿色,可以与很多颜色搭配。

蓝色适合与绿色搭配。从天蓝色、鸭蛋色,再到深色调的墨色和孔雀蓝色,不同色调的蓝色与绿色搭配在一起的效果很好。

不同色调的紫色也能互相搭配,但有时视觉效果会过于强烈,可加入绿色调进行调和。蓝紫色与冷蓝色搭配很吸睛,红紫色与柔和的粉色搭配也很漂亮。

灰色和中性色适合用于低调的经典背景。这种"无色"的配色一直都很流行。几乎任何颜色都可以与中性色和灰色搭配,创造出与众不同的、惊人的室内效果。

色彩与心情

  每间房间都能唤起特定的情绪或营造某种氛围。柔和的绿色能使人非常放松;亮黄色的门廊非常温暖、提神。色彩、光线与材质能刺激人的感官系统,影响人的情绪。家能调节我们的情绪,安抚我们的灵魂,让我们保持头脑清醒。室内装潢的目的是营造出一个令人放松、舒适、快乐和满足的空间。如果巧妙地运用颜料、肌理和灯光,你就能极大地改变房间的气氛,创造出一个符合你自己生活方式和情感需求的空间。

适当地使用浅绿色、浅粉色和浅蓝色能营造出宁静、令人沉思的氛围。

观察光线

大多数人通常会忽视光线在室内装潢中的作用。实际上,光线是呈现配色效果的重要元素。由于人们大多数时间生活在人造光中,往往会忽视一天中自然光的变化,这也会影响人们对色彩的感受。

室内光线

自然光唤醒万物,应该充分利用它。尽量利用窗户和天窗来使家里的采光效果达到最大化。在卧室或厨房的窗户上装上轻柔透明的薄纱窗帘,让夏日明媚的阳光透入室内。如果门廊太暗,可以考虑安装磨砂玻璃门,让光线漫射进来。也可以把一面墙刷成鲜艳夺目的色彩,如天竺葵粉,来提高整个区域的亮度。我们不太可能改变房间的建筑结构和风格,但是巧妙地运用色彩和光线,就可以实现为室内增明补暗的目的。

当你选择房间的配色时,要考虑到自然光。观测你房间的日照强度,在一天的不同时间注意房间内光线的变化。比如,对于一个在北半球面朝东北的房间来说,自然光很缺乏,因此要选用暖色调来温暖气氛;对于一间有着大窗户的浴室来说,一天的大部分时间都能接收到大量的自然光,那么就可选用蓝色或紫色的配色。

安装落地窗能极大地增加房间内自然光的射入量。

不同的季节，房间会带给我们不同的心情。就像花园会在秋天变得黯淡一样，房间也是如此。到了日落时分，你会早早地拉起窗帘，打开室内的灯光。因此，最好选用一种折中于自然光和灯光之间的配色，如温暖的淡紫色或咖啡色。在冬季，可以更换床单和靠垫，用法兰绒、丝绒或人造毛面料代替棉布，为室内增添一丝温暖。

在暗处用灯光进行渲染，搭配红色与橙色，营造温暖的气氛。

调节心情的灯光

室内灯光是生活中不可缺少的部分。如今有很多种类的灯光可供选择,不妨思考一下用什么代替过于平淡的头顶射灯吧。在设计室内灯光前,要先考虑人的活动路线。

灯光可以分为三类:第一类是工作照明,比如在书房工作、厨房烹饪或阅读时的灯光,这类灯光通常是充足强烈的,可以选用日光灯泡或可伸缩的探望式台灯。第二类是环境照明,一般作为装饰,推荐选用低亮度的照明灯或壁灯来营造柔和的感觉,需安装一个调光开关。最后一类是情绪照明,用来营造一种特定的氛围,光线通常是柔和的、浪漫的或亲密的,其亮度较低。此外,烛光是创造温暖柔和气氛的最佳选择。

情绪照明(见右图)

低置、漫射光线适合在夜晚时营造静谧氛围。

工作灯(见下图)

可调节方向的探头灯适合阅读和厨房工作。

色彩和情绪

人都是情感动物,现代生活总在影响我们的情绪。身处森林能让你感到宁静,而坐在色彩明亮的黄色调咖啡馆里会让人感到振奋和愉快。然而,我们通常会忽视周围的色彩对我们的感官和情绪的影响。

有些色彩可以强烈地影响我们的情绪,而巧妙运用光线可以增强或平息情绪。所以,在装潢之前,应该花点时间考虑一下自己想在房间内营造的感觉,然后再做决定。你可以先在墙上涂一些涂料进行测试,观察它在一天光影中的变化,再在椅子上铺一些布料,放在墙边,观察这两种色彩和材质是否相配。

比如,在一间日照充足的办公居室中,选用凉爽的天蓝色作为主色调能激发清晰的思维并营造宁静的气氛。在厨房里选用黄色,能让人感觉到如柑橘般的清新气息。温暖的色调能营造舒适的家庭空间。如果你想让客厅看起来热情奔放,可选用红色色调,并考虑选用一些能加强气氛的肌理和材质——选择亮丽的口红色作为家具的色彩,用奢华的天鹅绒和柔滑的绸缎作为软装饰品。最后加上一点烛光,完美地烘托氛围。

蓝色通常会令人非常振奋,加上强烈的反差色更能使人的精神为之一振。

提升情绪

特定的颜色组合往往会激发特定的情绪。这些情绪会根据色调的深浅不同而改变,但在选择配色前,最好掌握一些基本的色彩原理。

粉色调皮、活跃,富有女性气息。

红色热情、奔放、亲密,令人愉悦。

橙色能激发创造性,让人感到温暖舒适。

黄色友好、阳光。强烈的黄色据说能让大脑更好地工作。

绿色代表自然、宁静和生命力,能让人放松又平静。

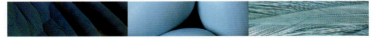

蓝色能让人联想到天空、大海,有助于清晰思维,平定情绪和思考。

紫色刺激、性感;蓝紫色神秘冷酷,能引起人们无限遐想。

寻找灵感

无论你住在城市还是乡村，都有许多可以激发你灵感的东西。只需稍稍驻足，你就可以发现身边各式各样的颜色组合，如广告牌、海报或食品包装等。这些颜色的组合都经过设计师们的精心设计，因此看起来十分和谐。记住你最喜欢的餐厅的墙面颜色。收集落叶，看看漂亮的金橙色和土黄色。请仔细观察阴霾灰沉的天空下温暖的棕色树皮，也可以去艺术博物馆观摩古典艺术大师是如何娴熟地运用色彩的。只要你愿意花点时间去寻找，随时随地都能找到激发灵感的事物。

从你周围的世界汲取灵感。看看这些饱经风霜的船只，想想摆放了绿蓝相间的木质橱柜的厨房。

使用色彩剪贴簿

随身带一本笔记本,或是一台小型照相机,把你观察到的色彩记录下来。收集车票、糖果纸、杂志页面或餐厅里的宣传单。把它们贴在你的笔记本上。

记录下你对色彩的感受,比如一片鲜艳的红色能让你展露笑容,灰色天空下一个肩披紫色围巾的姑娘让你感到忧郁,等等。这样的颜色记录十分有趣——能为你提供配色的灵感和选择,使你单调的上下班行程变得不那么乏味。

一本色彩鲜亮的剪贴簿是你建立自己色彩博物馆的最好基础。

如何制作一个情绪板

情绪板是很多设计师使用的设计工具,无论是时装设计领域还是室内装潢领域,它都非常实用。情绪板可以激发设计团队的灵感,运用形象的视觉故事向客户阐明设计师的创作理念。

几乎任何东西都可以用来作为情绪板的材料,只要能代表你的品位和喜好即可。看看你收集的物品、照片、布料边、彩色拼贴、衣服和墙纸样品,制作拥有自己风格的情绪板。一旦你确定了自己的情绪板,就能在装潢时把它作为参考。

一本有创意的材料簿能帮助你选择特定的配色、图案和组合。

装潢前的准备

把你收集的参考材料铺在一块大木板上,看看它们的搭配效果。在木板上调整材料和色彩的尺寸比例,找到最和谐的组合方案。可以用彩色复印机把某种材料的尺寸扩大或缩小。在此之前,确定一种色彩作为房间的主色,也就是墙面和地板的颜色,然后再用其他小件材料与之对比。想象一下房间内各种颜色和花纹的比例,这时你可能需要把情绪板作为参考。专业设计师会在类似的样板上勾画出想要的效果图,来帮助客户了解设计意图。你也可以试试这种做法。

一个包含了鲜艳图片、丰富的色彩和肌理的情绪板。

装潢后的选择

在布置装饰你的房间前,有必要花时间了解一些关于色彩、光线和肌理的知识,当然也要知道什么样的色彩适合你。情绪板就是你对自己的兴趣进行研究的最好归纳,最终你的房间会完美诠释你所设想的情绪。这间房间(见右图)色彩素雅,柔和的淡紫色是完美的背景色,搭配上丰富的色彩和大胆的肌理,效果十分出众。柔和的淡紫色配上深巧克力色非常美妙,但是需要打上强光来提升色彩的明亮度并增加居室的现代感。天竺葵粉色的丝质靠垫给深色绗缝床罩增添了一丝魅力。粉红色的图案与巧克力色的天鹅绒床罩朴素的质感形成鲜明的对比。明亮的紫红色花瓶和粉红色插花又是一处亮点,完美地呈现了光线的效果。不同的表面——从坚硬的镜子、玻璃到柔软的天鹅绒和丝绸,在房间里营造出光和影的世界。

一间美妙和谐、充满现代风的卧室,设计时参考了情绪板。

配色目录

本目录介绍了200款配色中的主色,每种颜色都已标上页码,方便你翻到对应的页面找到合适的配色方案。

73	74	75	76	77
80	81	82	83	84
85	86	87	88	89
90	91	92	93	94
95	96	97	98	99
100	101	102	103	106
107	108	109	110	111
112	113	114	115	116
117	118	119	120	121
122	123	124	125	126
127	128	129	132	133

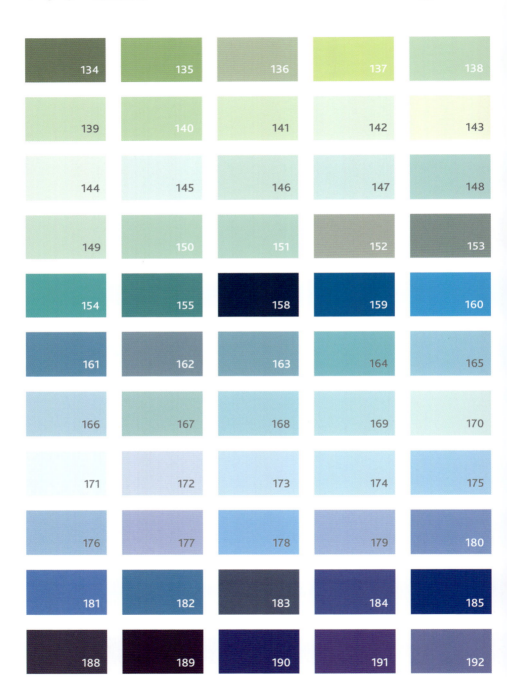

033

粉红色

蔓越莓色	036
覆盆子色	037
品红色	038
火烈鸟色	039
粉色	040
康乃馨粉色	041
淡紫色	042
棉花糖粉色	043
草莓慕斯色	044
浅粉色	045
兰花粉色	046
贝壳色	047
带有粉色调的瓷白色	048
裸粉色	049
托斯卡纳粉色	050
玫瑰粉色	051
古典粉红色	052
珊瑚色	053
豌豆红色	054
魅惑粉色	055
紫红色	056
浆果色	057

强烈、精致与典雅

蔓越莓色(1)与浅色调形成对比,暗色和浅色调的调和需要反复调整。如果使用深色作为房间的背景色,需要用光源来打亮局部,避免过度昏暗。本款现代感十足的配色具有高品质和高品位的特点。

本方案是明暗有致的色彩设计。

把深色作为背景色,柔和、精致的浅色调用于木制品,打破了传统审美。暗粉色(2)和淡奶油色(3)是经典的室内颜色,为深色背景的房间增添了一丝细腻感。

凉爽的灰绿色(4)平衡了房间的色调,防止粉色过于腻人。

如今在室内装潢中,黑色(5)重新流行起来了。它常用于光滑的表面,如玻璃或瓷器。试着在餐厅使用黑色的盘子——它们与食物的颜色很相配。

丝绒般的覆盆子色

色彩浓郁透亮的覆盆子色(1)给人一种奢华感。这款夺目的颜色从20世纪开始就成为传统的家居色彩。搭配色彩柔和的中性色,现代感呼之欲出。

柔和、舒适的复古色调与现代的浆果色调融合在一起。

温暖诱人的涂料与这些灰蒙蒙的颜色相得益彰。房间里的其他物品表面应选用质感和触感较强的织物,比如绒面革、针织马海毛或天鹅绒。

麂皮色(2)可以用于地板,或房间内的大件家具。灰色调的粉色(3)与覆盆子色的墙面形成互补。

软装饰品可以选用淡紫色(4)和柔滑的巧克力色(5),增加房间的沉稳感。

这款配色适用于餐厅或卧室,让人感到温暖又舒适。

纯真的记忆

浓烈的品红色(1)能重启人们的记忆大门,从旧时的儿童故事图册中寻找那个时代的色彩。这款在20世纪50年代常见的颜色现在常被用于简单又时尚的设计中。

20世纪50年代的怀旧配色方案。

家具漆可以选用深钴蓝色(3),软装饰品选用淡蓝色(2)。选用蓝色条纹的窗帘和沙发靠垫,看上去就像是甲板上的躺椅一样。

装饰品用红色(4)和金鱼草色(5),很有怀旧的感觉。这些落阳色系适合用作墙面的颜色,用于一块趣味台布或餐巾等也很合适。

花点时间关注房间的细节,在壁炉架上放一些旧书会十分引人注目。

有趣的火烈鸟幻想

粉色能为房间带来乐趣与生机。

鲜亮的火烈鸟色(1)非常适合儿童的游戏房,也适用于成人的更衣室。这款颜色初看十分纯净自然,搭配不同色调的瓷灰色或淡紫色,效果完全不同。

着色的瓷灰色(2,3)搭配鲜艳的粉红色,会增强粉红色的强度。用此配色作为家具表面的颜色,如玻璃写字桌或衣柜门。

甜美的淡紫色(4)和深紫色(5)适合用在有肌理的织物上。

添加一些与众不同的装饰品——一个老式五斗橱的紫色玻璃拉环或深紫色的陶瓷花瓶,效果极佳。

生动、活泼、俏皮

粉色(1)与冷色调,如蓝色或蓝绿色,搭配使用效果很好。这款配色适用于现代厨房,推荐选用粉色搁板的橱柜。如此活泼的色彩也可以用在其他厨房用具上。

一组适合孩子的配色方案。

水蓝色或绿松石色(2)引人注目,适合在家中任何地方使用,推荐与鸭蛋色(3)搭配。蓝色和粉相配不会显得太刺眼。

可以选择翠绿色(4)和灰绿色(5)作为强调色,用于厨房里的塑料餐具、彩色釉瓷或玻璃器皿。

尝试把这些颜色混合用于彩色的马赛克墙砖,效果十分特别。

浪漫、精致的珍珠

康乃馨粉色(1)适合搭配天然珍珠和贝壳的色彩。如果使用该色作为房间的主色调,需要加强灯光,这样整体效果会更柔和。这款配色适合用在卧室,搭配玫瑰粉色的水晶吊灯、丝绸床品和米黄色的毛绒地毯,效果很好。

适合化妆间的漂亮粉色。

我们可以在海贝、珍珠母中找到这样柔和自然的色彩。不妨选用一些类似质地的古董小饰品,如实木船模、首饰盒或肥皂盒。现在有许多专卖店售卖做工精良的仿珍珠加工制品。

珍珠釉彩般的颜色搭配浅粉色(2)和贝壳色(3),效果十分特别。

蜂蜜色(4)和青苔色(5)增添了深度,避免表面光亮度过高。

宁静的色彩

令人愉悦的淡紫色(1)看上去并不显眼,但是搭配深紫蓝色和纯紫色,效果很棒。在浴室里使用这款配色十分漂亮,可用于镍铬器皿上。使用颜色鲜艳的橡胶软砖代替瓷砖和地砖也是常见做法。

漂亮的冷色调色彩适用于现代浴室。

蓝色能使人沉静,紫罗兰色(2)和冷色调的深紫蓝色(3)在以粉色为背景的房间里给人一种安逸感。尝试在木制品上使用这些颜色,如淋浴房或橱柜。

兰花色(5)看上去十分感性,能增加房间的暖色调,可用于浴巾和浴室中的小地毯。

冰蓝色(4)可以调节色彩,增加色彩强度,适用于地板和浴帘。

与众不同的现代感

棉花糖粉色(1)不只适合女孩。你可以大胆发挥想象力,比如用粉色搭配柠檬黄色和玫瑰粉色。用类似的颜色作为强调色,打造一个现代风格的个性房间。

自然色调与人工色调的完美结合。

木制品和软装饰品选用暗粉色(2),采用柠檬黄色(3)的轻薄、半透明窗帘。

房间内的强调色很重要,对比越强烈,效果越好。如果强调色选用桃色(4)或绿松石色(5),需打上强烈的霓虹灯光,房间才会显得生机勃勃。

房间内可以选用类似玻璃、透明塑料等材质的装饰品,效果更佳。注意用直射灯光来照亮这些透明材质。

草莓和巧克力软糖

草莓慕斯色(1)在日光充足的房间或者充满烛光的浪漫夜晚效果很好,因此很适用于卧室。搭配镶有珠宝的软垫和花边灯罩,用层层飘逸的玫瑰粉色麦斯林纱代替厚窗帘或卷帘。

一组让人垂涎欲滴的配色。

在草莓慕斯色的背景下,鲜艳饱满的巧克力色可用于木制品或其他装饰品上作为点缀。选用牛奶巧克力色(2)的高档皮革或绒面沙发和深巧克力色(3)的窗框和落地柜。

大胆地在客厅里使用粉色。想象一个浪漫的夜晚,点燃蜡烛,燃起带有穆哈香味的香料,蜷缩在温暖舒适的开司米布艺沙发上尽情享受黑夜的温馨。

摆放一些与众不同的装饰品。覆盆子软糖色(4)和土耳其糖果色(5)能使你的房间充满情趣。

迷人、欢快与慵懒

这款配色非常温和且不失活力。浅粉色(1)可爱、讨人喜欢且十分百搭。搭配精致的淡紫色,放松又慵懒。添一抹泡泡糖般的粉色可以增添室内的活力,这对打造一间现代感的居室尤为重要。

粉色能使房间充满活跃的气氛。

可把浅粉色(1)作为主色,深紫红色(2)和浅紫色(3)作为强调色用于家具。房间的墙面如果都刷成粉色会过于腻人,尝试用低光度的涂料来刷一面墙或一个凹形区域。

下面两款强调色的强度和色相完全不同。泡泡糖粉色(5)非常适用于一些有趣的装饰品,如鸡尾酒杯或墙上装裱着的画。浅灰色(4)低调含蓄,与背景色形成了强烈的对比。

兰花粉色、紫蓝色和紫罗兰色

这款清新自然的花卉配色会给你春天般浪漫的感觉，适合用于浴室或富有女人味的卧室中。兰花粉色(1)作为主色，搭配紫蓝色和紫罗兰色，十分和谐。装饰一些香味蜡烛和花纹布艺，卧室就会充满春天的气息。

一组鲜花般的配色方案。

有时选用同一色系的不同色调比选用对比色更有趣，且效果更好。深浅色调的组合不会出错，还能增加房间的层次感。

石楠色(2，3)与房间的主色调——粉色互补，适用于木制品和椅垫。

紫蓝色调(4，5)颜色略深，在鲜花般的颜色中显得很突出。

褪色的古瓷色

贝壳色(1)是粉色的一种,适合用在灯光或阳光充足的书房或阳光房。这里展示的淡粉色、淡绿色和淡紫色就像古董、老式织品和旧手提包的颜色。可在房间里摆一些从跳蚤市场或旧货店淘来的物品,如一把扶手椅。

打造一间适合午后阅读的完美居室。

这款配色的最大特点是颜色柔和细腻,如果你添置过于亮丽的家具或饰品,就会使它失去原本的淡雅。

可选择用浅灰绿色调(2,3)的丝绒织品,作为古董扶手椅的面料,并将窗框和大门漆成该色。

这两款淡雅的粉紫色(4,5)适合搭配粉色和绿色,可用在花纹软垫上或用来包装旧书。

感性与性感

将带有粉色调的瓷白色(1)作为主色,它具有色调浅且低调的特点,是一款完美的背景色,能简单地勾勒出房间的重点。从艺术画廊中汲取灵感,在房间中央摆放一些大型的装饰品,围绕它们进行设计。

一组低调的配色,突出了房间内的装饰品。

选用桃橙色(3)的轻盈巴厘纱作为窗帘,或用它来遮罩电视机、书柜等。

亚光色调的桃色(2)可作为木制品和地板的颜色,但是要注意整体线条风格的简洁雅致。

选用你喜欢的深红色(5)或日本漆红色(4)装饰品,比如在壁炉上挂一件丝绸和服。你也可以放置一些小尺寸的红色丝绸垫子。

纯洁无瑕

将白色和纯白色作为主色,可以给人一种明亮纯净之感。裸粉色(1)适合用于卧室和浴室,搭配法国绣字毛巾和绣花床单,效果很好。在洗衣篮里放些薰衣草干花,香味弥漫整个房间。

粉色与奶白色的搭配可产生一种纯净完美的效果。

房间内的主色调素净清冷。给木制品刷浅鸽灰色(2)的漆,包括床架、床头板和地板。

浅蓝色(3)与浅粉色十分相搭,可用在家具上。

暗粉色(4)与阳光色(5)是很漂亮的颜色,选用这些颜色的条形图案亚麻布来做灯罩和软垫。放置一个装有肥皂、绢花和贝壳的大瓷碗。

托斯卡纳——乡村气息,阳光明媚

托斯卡纳粉色(1)搭配金黄色调的赤褐色(2),效果很好。本配色灵感来源于意大利中西部托斯卡纳地区浅赭色和意大利面黄色的乡村建筑。这种色彩十分适合打造一间田园般美好舒适的厨房。添置一些手工陶艺品作为装饰,里面放上面包和柠檬。

阳光般温暖的色调适合打造一间乡村风格的厨房。

地砖和工作台表面选用赤褐色(2),呈现一种纯正的田园风格。现在,许多五金店都售卖天然陶砖和其仿制品。

暖色调的杏黄色(3)很适用于厨房,会让人想起新鲜的果酱和田间的野花。厨房的帘布、垫子或椅子,以及厨房通往花园的门都可选用该色。

天花板刷成浓厚的奶油色(4),增加房间的亮度。色调稍暗的奶油色(5)可用于餐碟、牛奶壶等厨房用具。

花园派对

英国花卉图案与粉色的组合。

玫瑰粉色(1)鲜艳漂亮,适合用在卧室或风格甜美的客厅中。把房间布置得如鲜花般浪漫多姿,但要选用简单的家具和软装饰品,尽量呈现色彩本身的效果。

木制品漆象牙色(2),你可以根据自己的喜好选择亚光或珠光涂料。

石色(3)是一款带绿色调的中性色,可将家具,如衣橱或五斗橱漆成该色。这种柔和的中性色调可以与房间周围的粉红色混搭成背景。

选用牡丹色(4)和金鱼草色(5)的织物,就像从花园里刚采摘下的鲜花一样漂亮。

巴洛克式的华丽

　　古典粉红色(1)适合用来衬托富丽华贵的饰物。若想在家居设计中营造一种华丽复古的风格,可添置一些巴洛克式风格的家具或具有16世纪欧洲艺术风格的仿古装饰物。这款配色可用来打造一间奢华的浴室或客厅。

一组极具装饰性的配色。

浅金色(3)能使物体表面更加熠熠生辉,用在一些细节上,如画框和镜框,十分引人注目。

家具漆成浓郁的奶油色(2),用金色装饰家具的边线。也可选用金色的门把手和烛台。

深黑莓色(5)可作为地板、厚绒地毯或小地毯的颜色。

选用金星红色(4)的毛绒椅罩。添置一些红色的装饰品,如玻璃花瓶或仿古香水瓶。

图形、城市和现代

珊瑚色(1)是一款极简主义风格的色彩,又极富女人味,与中性色和冷色形成对比。这款配色适用于开放式客厅,用色彩来区分不同的区域。

暖色调和冷色调形成对比,成为开放式设计。

水泥色调(2,3)与亮丽的色彩搭配,效果很好。本配色灵感源于现代零售店,表面磨光的着色水泥可用于地板或屋内的承重柱。

选用暗蓝色(4)的独立家具,如沙发或沙发躺椅。

选一款强烈的色彩,如蓝绿色(5),作为厨柜表面的颜色。在一个开放式的厨房里,蓝绿色可以凸显厨房的细节,不会让它隐蔽在白色之中。

鲜花与薄荷

甜美的豌豆红色(1)能为浴室、客房和花园增添欢乐和温暖的气氛。记住,最多只能把房间内的两到三面墙刷成该色,否则色彩会过于强烈。尝试用牛奶色(3)或粉色和白色相间的条纹墙纸来打破主色调。

本配色方案灵感来源于乡间野花。

选用豌豆紫色(2)的绣花浴巾、床单和枕头花饰。在浴室的角落里放一把紫色椅子,配以绣花椅罩。

将薄荷色(4)和蓟色(5)作为强调色,选用这两种颜色的玻璃或塑料制品,与主色形成强烈对比。选用两种颜色相间的条纹织物作为灯罩。在客房里放上同样颜色和图案的毛巾和鲜花,床品用甜美的紫罗兰色点缀。

吸人眼球的歌舞表演

魅惑粉色(1)打造了一个光彩夺目、令人心旌的环境。在房间里选用厚帷幔,打上微弱的灯光。最好在墙上放置烛台,效果会比点灯好。把床的位置垫高,就像舞台一样,这样能增添乐趣。

像红磨坊一样奢华的卧室。

窗框、橱柜和门刷成亮黑色(2),配以镜面作为装饰。选用黑色雕花铸铁的窗帘轨杆。

选用深紫色(3)网格图案的床罩和窗帘,显得十分迷人。

石板绿色(4)或暗绿色(5)非常适合轻薄的丝绸被罩的颜色。

添置一些装饰品,如插在花瓶里的长羽毛或放在床上的镶珠靠垫。

单纯的野餐乐趣

将紫红色(1)作为家庭游戏室的主色。墙面和家具保持简约风格,添置一些趣味装饰品来呈现主题风格。在椅子、橱柜和画框上漆亮丽的颜色。

一组亮丽活泼的配色,就像在家里野餐一样。

阳光色和浅黄色(2,3)是类似自然光的色彩,让人感觉很舒服。

添置一些有趣的装饰品,如糖粉色(4)的塑料制品或金黄色(5)的杯碟餐具,尽量选用带有花纹的款式。

找一块有趣的、色彩斑斓的条纹桌布作为野餐垫。做些颜色缤纷的食物,如粉红色和黄色的纸杯蛋糕和粉色柠檬汽水。

光芒四射的落日色

浓郁的浆果色(1)需要搭配明亮、透明度高的颜色,这样能提升房间的亮度,色彩不会过于浓烈,房间也不会显得狭小局促。考虑把其中一面墙刷成浅桃色(3),打上灯光,也可在墙上挂一个霓虹招牌。

鲜艳的橙色与细腻的粉色搭配,效果很好。

带粉色调的灰色(2)可以减弱其他色彩的强度,这款典雅的颜色可以用在地毯和豪华绒面的软皮革用具上。

浅桃色(3)十分漂亮,把木制品刷成该色。这款颜色的微妙淡雅与主色的浓重形成了对比。

选用亮桃色(4)和落日橙色(5)的彩色玻璃灯具和饰品,再放置几个这些颜色的靠垫。

红色

酒红色……………………………………………060
波尔多红色………………………………………061
红土色……………………………………………062
深红色……………………………………………063
朱红色……………………………………………064
脏玫瑰红色………………………………………065
玫瑰花瓣红色……………………………………066
珊瑚红色…………………………………………067
霓虹灯红色………………………………………068
樱桃红色…………………………………………069
陶土红色…………………………………………070
石榴红色…………………………………………071
火焰红色…………………………………………072
深宝石红色………………………………………073
学院红色…………………………………………074
铁锈红色…………………………………………075
菊苣色……………………………………………076
葡萄酒红色………………………………………077

经典——独特的个性

日本风格的室内设计没有多余的装饰——所有的物品都有其存在的意义。能发现其设计特点是呈线型且有严格的度量尺寸。日本的传统风格是选用深色漆的红木家居饰品,酒红色(1)非常适合用在一间精致的餐厅。

本配色方案灵感来自日本的风格。

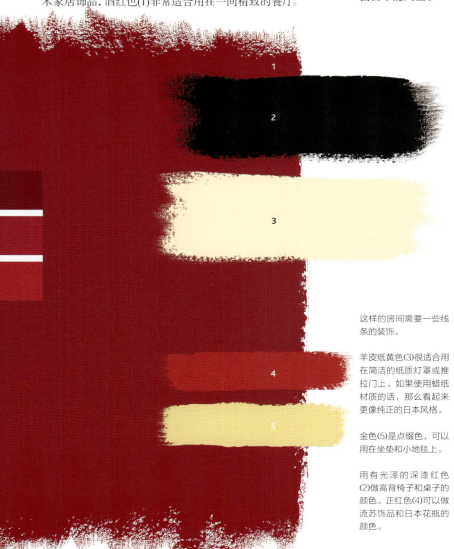

这样的房间需要一些线条的装饰。

羊皮纸黄色(3)很适合用在简洁的纸质灯罩或推拉门上。如果使用蜡纸材质的话,那么看起来更像纯正的日本风格。

金色(5)是点缀色,可以用在坐垫和小地毯上。

用有光泽的深漆红色(2)做高背椅子和桌子的颜色。正红色(4)可以做流苏饰品和日本花瓶的颜色。

诱人的暗紫色

波尔多红色(1)是红色系中带蓝色调的一种,与其他红色搭配时应该选用微蓝或微黄的色调。绿色在色轮上正好与红色相对,互为对比色,因此两者在一起会产生一种戏剧性的对比。

本配色是浓郁、强烈的浆果色调。

茄子红色(2)是很美妙的深色调。用它可以做家具木料或者地板材料的颜色,如地毯或深色地砖。

仙客来色(3)也是带有蓝色色调的红色,因此它很适合与主色调搭配。用这种颜色的绒毛布来搭配一把你喜欢的古董椅或一组沙发,既实用又具有装饰性,它会成为房间的一个亮点。

绿叶色(4)和绿松石色(5)是背景色中的一组对比色,会产生强烈的对比效果。把它们用在一些小饰物上,如软垫、相框、时尚的眼镜。

矿物——天然颜料

最早的颜料都来源于天然矿物的提取物。类似铜铁锰的矿物质和其中的红土色(1)都是天然的色彩源,它们在任何环境中都能给人一种宁静的感觉。所以我们可以选择那些无毒无害的天然矿物涂料。

矿物的色彩感觉。

沙石色(2,3)是家具和地板颜色的稳妥选择,比如麻编席。用一种颜色中的不同色调来搭配是聪明的做法,这样更接近自然的效果。利用色调的差异可以形成和对比色一样令人瞩目的效果。

铁矿石色(4)和深黄土色(5)是基本自然色,它们用途广泛,可以用在亚麻和毛等自然织物上,用于装饰石头、陶土制品和深色木制品也很合适。

积极、欢乐与无忧无虑

轻松的心情。

深红色(1)是基本色中的一种,在其色调纯正时,会使人心情放松、振奋。所以它适合用在一些非正式环境中,如家庭娱乐室,或一个开放式的有娱乐区的厨房。该颜色效果自然纯真,让人喜欢。可以选用耐磨、实用的材质。

晨曦蓝色(2)可代替白色用在木质家具上,它的纯净浅淡有调节作用,避免背景色过于暗沉。

风信子蓝色(3)可用在塑料或人工合成材料上。把它们用在办公椅或易擦洗的塑胶地板上。

火焰红色(4)和亮橙红色(5)适合用作软垫和厨房用具的颜色。可把类似的塑料器具放在厨房里,方便孩子使用。

细细思考，冷静沉着

亚光质地但不失活力的朱红色(1)具有男性的气质，可以用典雅柔和的色彩和它搭配在一起。用冷灰色和中性蓝色与其搭配，可形成一款平衡且成熟的配色。灰色是聪明有品位的选择。

适合书房的色彩。

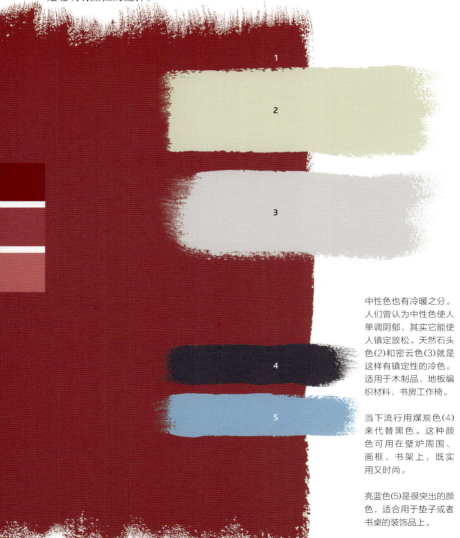

中性色也有冷暖之分。人们曾认为中性色使人单调阴郁，其实它能使人镇定放松。天然石头色(2)和密云色(3)就是这样有镇定性的冷色。适用于木制品、地板编织材料、书房工作椅。

当下流行用煤炭色(4)来代替黑色。这种颜色可用在壁炉周围、画框、书架上，既实用又时尚。

亮蓝色(5)是很突出的颜色，适合用于垫子或者书桌的装饰品上。

温柔——女性化的美

在一系列漂亮的浅色调中需要着重提亮脏玫瑰红色(1)。选择柔和且饱满的红色,色彩鲜艳但不夸张。柔和的色彩也十分吸引人,表面可做一个亚光的处理。

芳醇如酒。

桃金娘绿色(2)适合用在卧室或起居室里大件的软装饰品上,如椅子或桌子上的布艺织品。

珊瑚红色(3)可用在木制品、碗柜、衣橱上做色彩点缀。比如在物体表面涂一层油漆,把多余的部分刮掉,呈现出天然的木材质地。

浅桃色(4)和浅香蕉色(5)很适合用在那些漂亮的装饰花纹上,也可以用在能体现房间设计风格的物品上。可以在亚麻或者纯棉织物上用这些颜色织上花纹。

摩洛哥——丰盛浓郁

炽热浓郁的玫瑰花瓣红色(1)是一个极其艳丽的背景色。其色彩氛围浓烈，适合用于娱乐房。房间里的桌上放着摩洛哥的彩色茶杯，杯中烛光荧荧。

如此放纵且弥漫奢华的色彩。

桑树红色(2)是这个房间里的辅助色，可进一步加强富丽堂皇的气氛。该颜色用在摩洛哥式的座椅上，可和靛蓝色、红宝石色的丝绸软垫搭配在一起或用在窗前的拖地长帘上。

红木色(3)可以用在矮桌等家具上，在这个房间里很适合用作壁炉围栏。

紫色调(4，5)很适合用在有图案的织品上。同时，找些彩色盘子放置诱人的食物，用彩色玻璃罩灯打出柔光。

活力的激发与复苏

时髦的珊瑚红色(1)令人振奋、能感受到温暖,适合用在浴室里。同样令人活力倍增的红色和蓝绿色与之形成对比。如果其他房间色彩平静自然,那你完全可以用这种颜色来装饰浴室。

活跃的色彩是浴室里的催醒剂。

不同深浅的蓝绿色(2,3)适合混用在墙砖或地板砖上——在中间还可掺杂一些珊瑚红色(1)。选两者中较浅的颜色作为淋浴房的塑料帘布或者坐便套圈的颜色。

紫罗兰色(4)和霓虹粉色(5)具有现代感和明亮感,带有幽默气质。选择此类颜色的小装饰能带来惊喜的效果。

尝试将塑料材质的字母排列在墙上作为装饰,拼成你喜欢的单词或者语句。

醒目、生动与自信

触目的霓虹灯红色(1)最适合用在比较昏暗的楼梯口。类似发光的颜色应该用在过道上和人经常活动的区域。保持这种颜色的独立性，不与其他颜色混合，避免削弱它反射光的效果。

用艳丽的霓虹色和一些浅色搭配。

浅粉色(2，3)在色泽强烈的主色调的映衬下效果会很突出，而且能避免使环境过于轻浮。在深浅对比中，粉色可以用在天花板、护壁板和画框上。或用粉色的罩布盖在一把老式的沙发上，形成一种古典与现代的冲撞感。

亮柠檬黄色或霓虹黄色(4，5)很适合用在灯光和灯具上。一盏20世纪60年代的落地灯会成为视线的焦点。

盛开的樱桃红色

鲜艳的樱桃红带来春天的气息。

鲜艳的樱桃红色(1)带些珊瑚红和粉,在传统和现代的的家具中都会有很好的效果。浓烈的红色与一些浅色的搭配可以使你的居室在阳光下显得更亮丽,在星光下变得更加温馨。这款配色呈现出一片粉色的花海和绿意盎然的春景。

柔和的花色(2)可以使用在木制品、窗框和装饰的天花板上。柔软的毛毡绿色(3)可以用于装饰品、小地毯或窗帘。这种颜色还可以搭配风景画。

深苔藓绿色(4)和玫瑰红色(5)是大自然的颜色,也适合这间春色满园的房间。房间风格可以是简单或富丽的。

可以在古董店找一些如花砖等带有这类颜色的装饰物,来装饰壁炉。这间房间里的粉色和绿色是典型的新艺术时期的配色。

未提炼的陶土红色

天然的陶土红色(1)和土色适合在厨房中使用。这些暖色会使家庭气氛变得更加温馨,适合用在地板和擦亮后的老松木家具上。一个敞开的壁炉能成为房间的焦点。

完全未经加工的天然色。

被阳光晒白的骨色(2)看上去很浅。椅子涂上蛋壳色的漆,再加上防水的织物,就会变得很容易清洗。

浅松色(3)的家具具有整体性和稳重性,适合注重生活质量的人使用。

泥土色(4)和菜豆色(5)是很活泼的颜色,可以用于装蔬菜的大口碗、砖面材质或是一把放在壁炉旁边的你喜爱的皮革椅。

珠宝般亮丽的石榴红色

石榴红色(1)、宝石红色、珊瑚红色、绿松石色(4)、翡翠色——这系列的颜色可以用作小饰品盒的颜色,使你的房间更加丰富多彩。尝试用在不同的表面材质上,釉彩、珠光的颜料还可以进一步强化颜色的饱和度。

色彩艳丽的宝箱是无需多余装饰的。

两种火焰色(2,3)看着比较相似,但是当它们组合后会进一步增强房间的色泽。它们可以搭配使用在光滑的书桌台面、碗柜门和打磨过的地板上。

绿松石色(4)很适合用在针织品、软垫、镶嵌玻璃珠的流苏饰品上。

松针绿色(5)是一款经典的家庭装潢色。选用造型现代的家具会产生一种新颖时尚的效果。

试着在墙上粘上宝石红色的莱茵石,为房间打造一种独特的风格。

炽热、奇特与野性

这款颜色搭配的风格是极具热情的,如火焰般热力四射。火焰红色(1)、粉色和橙色构成了一场夏天的盛会,本配色可以用在座椅、小毛毯、软垫、有亮片的纱丽服饰、阳光房的窗帘和彩色玻璃灯罩上。

像火焰那般热情的墙面。

在这款颜色搭配的房间里你可以尽情摆设在异国旅行中收集的小玩意儿,如印度丝绸、印尼染布等东南亚风格的装饰品,也可以挂上喜欢的风铃,在室内点上迷迭香感受东南亚风情。

这些对比强烈的颜色、材质、外观等都可随意搭配。在家中放一座橙色(2)或大红色(3)的印度风宝塔或一把大遮阳伞。家具可以使用深色的橡胶木材质,垫子则可以选用粉色(4)或紫色(5)的。

奢侈、精致与休闲

深宝石红色(1)是富贵家庭的代表色,让人感觉阔气十足。这种颜色常用在用料做工讲究的表面材质上,如精抛细磨的漆红色台面或红色威尼斯玻璃器皿,以及厚绒地毯和麂皮制品。许多精心酝酿的细节,打造了一座富丽堂皇的宫殿。

源于私人飞行俱乐部的颜色用来彰显自身的财富。

这款颜色搭配可以用来装饰门厅、餐厅,以及一些暗门和有镜面灯的瑞典式化妆间。这里所有的一切都按照个人品位来量身定做,甚至还可以用皮革嵌板来取代传统的墙面。

选择浅奶油色(2)和皮革色(3)用作皮椅或木制品的颜色,与深宝石红色(1)形成对比。

黑樱桃红色(4)和海蓝色(5)可用于鸵鸟皮质地的踏脚凳、纯手工制的门把手和玻璃吊灯上。

贵族的田园诗

学院红色(1)、草地绿色和棕熊色曾经是英国皇家专用的颜色,现在,我们也可以使用这些历史悠久的颜色了。这些颜色像世代传承的传统手工家具一样经久不衰。

传统的乡间豪宅代表了这种高贵的色彩搭配。

代表土地的颜色,如森林绿色(2)和蕨类绿色(3)都非常适合用来做家具和窗帘的颜色。可以选用厚织物来加强华丽的效果。

松果色(4)、栗色(5)可以用在地毯和外观精美的木质家具上。

房间里应该配上一些以森林捕猎为主题或其他的大型风景画,再搭配羊皮书放在书架上。摆上一张老式的写字台和一把皮椅子。

大方、宁静与悠闲

令人放松的铁锈红色(1)非常适合一些年代久远的房屋，它看上去非常温暖可靠。不要把它用在传统的环境中，相反用在现代居室中会更显其温馨。

铁锈红色和玫瑰色的颜色组合。

这种颜色搭配很适合厨房、餐厅和起居室。因为铁锈红色的背景是很好搭配的，尤其是一些自然的颜色。

用砖红色(2)和蛋壳色(3)作为前景色是很可靠的，适合装潢中的木质家具、木料、瓷砖或树脂地板。

稻草色(4)很适合用作坐垫和窗帘的颜色，可以与白色搭配用在有条状花纹的织品上。

黄色(5)十分明亮，陈列在橱窗里的碟和茶具可用这种颜色。

历史的传承

在此展示的所有复古的涂料颜色，会使整个空间充满历史的传承感。自然陈年的复古色和精致的织品增加了空间的历史感。菊苣色(1)用在书房和起居室是很完美的。

用些时间还原家的式样。

房间里突出的颜色可以借鉴历史，它绝不是过时的。把它们与现代的装饰物、造型结合，这种颜色搭配就变得非常时尚了。

铁锈色(2)可用在窗框、相框和护壁板上。番茄色(3)很适合具有现代风格、设计大胆的家具。

军绿色(4)、海军蓝色(5)是20世纪40年代常见的颜色，现在依然非常流行。把用军事面料做的织品作为靠垫将产生奇异的效果。

下午茶：悠久的传统

葡萄酒红色(1)被花瓣桃粉色(4)和雪纺橙色(5)软化了。中性色调的粉色能柔和古怪的色调。这间房间如果用上花纹图案的织物，再在墙上挂上古典的木牌，会极具装饰感。这样能让人们重拾午后与朋友聚会的传统感。

带有些茶色的深酒红色。

深红色需用浅色来柔和。可用铜粉色(2)和粉貂皮色(3)在木质家具上涂出深浅不一的条形花纹。这些较浅的暖色调吸收了背景色中浓烈的红。

用花瓣桃粉色(4)和雪纺橙色(5)作为点缀，用这些颜色的丝绸围巾做成形状各异的垫子。用20世纪40年代的手提袋、鞋子、手套和面纱帽点缀画框和壁炉。

把带有花纹图案的复古瓷茶具放在桌子上，再放上玫瑰或糖果。

橙色和棕色

深巧克力色··················· 080
红褐色····················· 081
烤面包色··················· 082
香料色····················· 083
肉桂色····················· 084
柿子色····················· 085
焦糖橘色··················· 086
橘子酱色··················· 087
柑橘红色··················· 088
橙汁色····················· 089
桃粉香槟色················· 090
花蜜色····················· 091
奶油桃子色················· 092
香橙慕斯色················· 093
砖红色····················· 094
焦糖色····················· 095
胡桃木色··················· 096
橙黄色····················· 097
橙皮色····················· 098
姜黄色····················· 099
咖啡色····················· 100
肉豆蔻色··················· 101
皮革色····················· 102
茶色······················· 103

苦味的巧克力色——甜在其中

深巧克力色(1)色彩浓烈,有红色的色韵,使房间给人以温暖的感觉并让人喜爱。它能使你远离日常生活的喧嚣,独享自在和喜悦的空间,就像把自己包裹在蚕茧里。

令人不可抗拒的色彩组合:深褐色、薄荷色和紫罗兰色搭配。

三色紫罗兰色(2)呈粉紫色,适合用在一些软装饰品、羽毛充垫的沙发和扶手椅上。

甜紫罗兰色(3)是一种奇妙且美丽的颜色,搭配迷人的棕色会是很不错的选择。这款前景色用在椅子把手、护壁板和天花板的挂线上,都非常漂亮。

用薄荷色(4)和翡翠色(5)来调和。为了添加现代感,可把这两种绿色用于凹形卧室、玻璃吊灯、壁炉或火炉周围。

红褐色、栗色与橡木色

深色的木材,如质地精良的红木,用红褐色(1)色调作为背景色显得格调高雅。卧室内放置红木家具和装饰,如四柱床或色彩浓郁的油画。

红褐色和柠檬黄色搭配。

选用燕麦色(2)作为木制品、橱门和窗格的颜色。

毛茛色(3)鲜艳且具有现代感,适合用在家里的软装饰品上,用在软垫和窗帘上能使照入室内的阳光更自然。

两种姜黄色(4,5)适合用作床饰和装饰品的颜色。床可以用不同材质的饰品来装饰,比如轻软纯白的羽绒被或人造毛的枕头。再放一些旧的皮面书在床旁,配上一盏铜质台灯。

烤面包色——温暖舒适

烤面包色(1)看上去十分温暖,是一种传统的背景色,但当它与紫色和粉色充分混合后会变得富有现代感。所以,这种颜色搭配既适合传统风格又适合现代风格。在冬季的夜晚,它显得黯淡颓废,而在夏季又变得华丽富贵。

亮丽的棕色适合活泼的厨房。

在厨房中不常用如此深的颜色,但这款烤面包色(1)肯定会受到厨师和食客的喜爱。家具表面的颜色应像你烹饪的美味一样,让人感觉入口即化,像焦糖布丁和提拉米苏带给你的感觉。

黑莓色(2)是橱柜的理想颜色。灰紫粉色(3)用作木质家具的颜色,它介于粉色和棕色之间,可增添厨房的美味气息。紫红色(4)和咖啡色(5)可用作点缀厨房的软装饰品的颜色。

传统的、历史悠久的民间用色

天然颜料和染料都能经久不衰。色彩由大地而来，织物来自羊毛或动物皮毛。浓郁、亲近大地的香料色(1)适合用于起居室或餐厅。

民间色彩起源于古代的香料。

赭色(2)适合又低又重的家具。赭色深受土耳其风格的影响，适合用于低矮的坐台和带图案的小地毯。

沙石色(4)和象牙白色(5)可与其他颜色混合用在传统旋涡纹图案和纱线扎染织物上，这种丝绸织品在亚洲随处可见，如小地毯、披肩和挂毡。

引人发笑，意趣横生

选用这种颜色会非常有趣。有时室内设计被看得太严肃，其实可以在选择颜色时更大胆一些。肉桂色(1)结合了粉色调、熟浆果色和柑橘橙色，因此看上去十分亮丽。

柔和明亮的颜色适合卧室和浴室。

泡泡糖粉色(2)和淡玫瑰色(3)可以用于木质家具、窗帘和床上用品，最好选用带花饰纹的织物，或用条纹、圆点的样式。用较浅的粉色来做地板的颜色或在浴室铺设这种颜色的树脂地板。

带圆点、条纹的织布可用浆果色(4)做前景色。这种颜色可用于床上的靠垫。

漂亮的柑橘橙色(5)与背景色形成强烈对比，可以提升整个房间的视觉效果，适合用作灯罩和抽屉拉手的颜色。

成熟味醇的柿子色

有水果香醇的颜色搭配。

成熟的柿子色泽饱满,呈橙红色。柿子色(1)适合卧室或家庭气氛浓郁的室内装潢。它和其他一些带有水果、浆果意味的颜色搭配,会使你的居室看起来更甜美。用较浅的中性色调来平衡颜色组合。

浅灰色(2)能中和水果色。这种颜色用于木质家具或地板十分合适,也合适做华丽的地毯或抛光的水泥板的颜色。

石榴籽红色(3)看上去像果冻一样透明,可用在色泽艳丽的皮革沙发、躺椅、插满鲜花的考究的玻璃花瓶或放满水果的瓷碗上。

葡萄柚粉色(4)可用在垫子和床纱上。淡茶玫瑰色(5)作为前景色会相当漂亮。

建筑与纪念碑色

焦糖橘色(1)是一款色泽十分强烈的室内装潢色,适合用在空间较大的位置,如门厅或井梯。这种颜色适合现代风格、布局开放、复式结构的居室,它可以用来分割空间区域。

鲜明的色彩适合楼梯和入口处。

铁青色(2)和斑花色(3)是非常容易搭配的,把它们和深褐橙色一起用在条纹窗帘和家具上,效果很好。它们和金属色搭配用在画框和窗框上还会增加都市感。

熔岩色(4)是一种非常醒目的颜色,在开放的区域可使用它来给家具上色或是做房门的颜色。

冷调蓝色(5)可用在碗柜门上或直接用在天花板上。

大胆、有力与戏剧化

这款很活泼的颜色组合适合用在家庭浴室。红色和橙色在传统上是冲突的,但在这里使用的色调非常简单且相近,足以成为亮点。浅绿蓝色与橘子酱色(1)形成鲜明的对比,为整个房间提供了高亮度和低亮度的光影,创造出一个非常生动活泼的环境。

一组活泼的、具有戏剧性的对比色。

这样的颜色对比组合会激发人的情绪反应。如果选用这款颜色组合,尽量将配饰和装饰减至最少,因为颜色已经有了足够活泼的效果。

浅薄荷色(2)和深绿松石色(3)可用在浴帘、窗户和橱柜门上的彩色玻璃或灯具上。

宝石红色(4)和血橙色(5)是很炽热的颜色,可用在毛巾、花盆和镜框等物品上。

害羞、含蓄典雅

这款颜色组合让人回想起妇女在家里编织毛衣或读诗的年代。在家中,用柑橘红色(1)是很好的选择。

温和的颜色适合起居室和家庭花圃。

除了主色调,也可以使用大量的橙花色(2),它能增加柔和度,防止柑橘红色太过夺目。

金色(3)适用于浅色木质家具,如藤椅或抛光的浅色木地板。

两种淡绿色(4,5)可以用在坐垫的布艺面料、窗帘或灯罩上。

用古典瓷茶具作为装饰,搭配橙花蛋糕和三明治,享受下午茶时光。

羞涩的精致

把橙汁色(1)和柠檬黄色混合，黑色作为轮廓，其灵感来自20世纪50年代流行的几何图案纺织品和陶瓷品。在这个房间选用一些原始的装饰品，如在壁炉旁挂一件长裙或者在桌上放一些45转的黑胶唱片。

现代色彩融合原始细节。

用棉花糖色(2)做房间里木制品的颜色是很不错的选择，草莓冰糕色(3)很适合用在沙发罩上，把它与背景色橙汁色(1)一起织成精致的花纹布艺。

在这个房间里，柠檬酱色(4)是一个很好的对比色。在厨房，把它用在一些细节上，如茶巾、碗盘，甚至烤面包机、榨汁机或咖啡机上。

黑色(5)在整个设计中起到一个线性作用，所有的颜色都会在复古陶瓷器皿、木质器皿、人造树胶织品和20世纪50年代的包装罐中体现出来。

桃色香槟，鸡尾酒色

桃粉香槟色(1)与钢铁灰色(2)和霓虹的紫红色相结合。在真正折中的风格中，我们融合了自身的灵感和现代的理念。这款颜色组合适合用在卧室、浴室，也可以在有很多玻璃和光照良好的书房里使用。

一款现代的颜色组合，从浅到深。

钢铁灰色(2)可用于超软的丝绒椅和沙发上。漆木制品和地板可以使用冰蓝色(3)。用钢铁灰色的羊皮地毯代替普通地毯放在卧室或浴室里。研究显示，冰蓝色有使人平静的作用，可以用于书桌和书架。

使用优质的紫红色(4)棉质床上用品，再用对比鲜明的绸缎靠垫来突出。

使用霓虹灯粉色(5)做灯光照明的颜色，放置一些有趣的装饰品。

柔和的亮白色

这款颜色组合由一种奇妙的淡色组合与橘色的强烈色调相结合。这种颜色的对比运用突出了主色调——花蜜色(1)的特点。在卧室或厨房里使用这款颜色组合能呈现女性化,极具特色且不失现代感。

柔和的粉笔画色彩适合用于沉静温和的环境。

夏天常见的天蓝色(2)是一种清新、醒目、亮丽的颜色,可以用于家具和地毯。

宁静的绿色(3)可用于木制品的平面漆、厨房橱柜、房间内的任何外部房门和柜门颜色。

粉薰衣草色(4)不像其他颜色看上去那么透明清澈,但它是个很不错的阴影色,适合用在长羊毛、绒革面的织物上,也可以用在椅套上。

用大胆醒目的橙红色(5)做墙上的饰纹、带花纹的软垫和瓷碗的颜色。

褪色与亚光的粉色

使用这款颜色需要真正的信心。这款颜色虽然如此浅淡如同褪色般,但还是能产生相当戏剧化的效果。颜色的微妙运用就像大胆的组合一样引人注目,在这里则需要配合房间的纹理和家具表面的材质,来突出微妙的奶油桃子色(1)色调。

本配色方案即使十分浅淡,仍有戏剧效果。

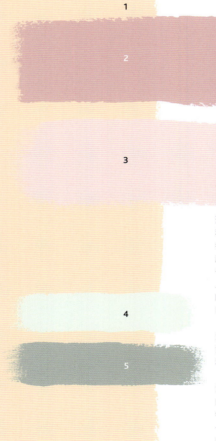

落满灰尘的淡紫色(2)和加糖的淡杏仁色(3)都是漂亮且古色古香的颜色,非常适合用在椅子和靠垫上的提花织物上。可以选择英国摄政时期的旋涡图案来突出明暗关系。

浅草绿色(4)很适合用来漆地板、百叶窗、窗台和踢脚板。

浅卡其色(5)可与其他的颜色混合使用于织物图案或墙纸上。在一个房间里,用醒目的花卉或几何图案简单地贴在壁炉上是一个很好的选择。

橙色、奶酪色与香油色

香橙慕斯色(1)是一款富有女人味的颜色。在这里,它被用于一个基于自然色调和历史色彩的颜色组合之中。精致的柠檬黄色和温柔的深棕色混合在一起,创造了一个舒适的具有21世纪风格的乡间厨房。

适合厨房的色彩,带有橙子和柠檬的清香。

太妃糖色(2)和奶油糖果色(3)具有浓郁的家庭气息,适合任何烹饪环境。把它们漆在带橙色的木材上,如樱桃木或榉木,用来制作厨房碗柜、餐桌和椅子。

柠檬蛋卷色(4)是一种轻盈蓬松的颜色,非常适合用于蕾丝窗帘和由羽毛填充的椅垫。

将深黑檀木色(5)作为石材或木地板的颜色,既高雅又实用。在黑木雕花的木碗中放上水果,整个清香的气氛就勾勒出来了。

天然的橙色和蓝色

砖红色(1)是蓝色的天然互补色。画家们曾经不得不寻找天然颜料并自己调配颜料。青金石主要来自阿富汗地区,成色好的比黄金还贵。它能生成最鲜艳的蓝色,这是著名的威尼斯画派画家提香(1490—1576)最早发现的。

天然色,从土壤到青金石。

这款颜色组合用在浴室、厨房或餐厅都是很不错的选择。室内的墙壁上可以使用传统的摩洛哥式塔德拉卡(一种用陶石灰做的防水石膏)。

用较深的陶土色(2)做天然烧制出的瓷砖或地板的颜色。饱满的土耳其红色(3)是完美的橱柜和木质家具的颜色。

像钴蓝色(4)和天青石色(5)这样强烈的蓝色非常适合用在厚重的机织窗帘和座套上。这些灵感来自非洲和西班牙安达鲁西亚式的花纹。

诱人、浓郁的感官享受

这是一款相当诱人的颜色组合,可以在客厅和卧室里使用。诱人的焦糖色(1)、热巧克力色和栗子色,配上浓郁多汁的梅子色和紫麂皮色,显得生动活泼。注意,这个房间里要使用优质的材料。

充满魅力的诱人的色彩。

使用最柔软且最豪华的表面材料,如用亚光粉末状油漆来粉刷墙壁,用羊绒、绒面革和天鹅绒做软装饰品来搭配家具。再摆一些精致的装饰,比如一面墙上的手绘壁纸,或者壁炉上方的一面超大古董镜子。

用巧克力色(2,3)来装饰厚重的家具和房间里的年代细节。梅子色(4)和紫红色(5)是布料和玻璃器皿的绝佳颜色。

直线型——设计精良

这款配色的风格干净、简单,让人想起20世纪50年代。胡桃木色(1)很适合用在别致的餐室中。使用单调的颜色时,必须严格遵守设计规范才能使颜色组合产生效果。正如设计师兼诗人威廉·莫里斯所说:"在你的房子里没有任何你觉得没用或不美的东西。"

毫无突兀感的颜色适合简洁现代的家具设计。

选用亚麻材质且有纹理贯穿的织物,找单件旧式樱桃木家具来协调搭配。

色调相似的稻草色(2,3)适用在条纹织物上。同样,可以在木制品和门框上使用较浅的两种颜色。

淡黄褐色(4)是房间里最暗的颜色,可用于地毯和沙发罩。

浅灰褐色(5)是一款中性色,将它与其他颜色混合,适合用在20世纪50年代风格的家具面料或平装书的封面上。

充满男子气的别致与时髦

来自于绅士裁缝的设计。

选用传统的西服面料,如粗花呢、人字形呢,甚至苏格兰格子呢,作为椅套和沙发罩的替代材料。用这些天然羊毛来协调房间的颜色组合。橙黄色(1)是一款成熟的颜色,需要在自然的基础上建立这个颜色组合。

这种颜色组合适合用于书房或用餐区,其巧妙之处在于使用了大胆的橙黄色(1),看上去让人感觉很有趣。

树皮色(2)和蕨草色(3)是天然色中较深的颜色,适合用在踢脚板和壁炉周围。

在这些暖色调中,海军蓝色(4)是一种冷色调,把它混合在织物和家具中是很合适的,也可以用它来做相框的颜色。

姜黄色(5)是非常亮丽突出的颜色,可以用在灯芯绒垫子和灯具等轻巧的装饰上。

糖衣杏仁色

背景色橙皮色(1)色彩浓烈,可以用蛋壳色涂料和天然织物来缓和这种大胆的颜色,在视觉上减弱具有芳香特征的橙皮色,以防止房间的风格变得过于艳丽。

和谐的橙皮色,与炽烈的橙红色进行调和。

对于原木色来说,淡草绿色(3)是完美的对比色。如果绿色对比太过强烈,白色能缓和整体的感觉。用白色的木制品,搭配浅草绿色和灰紫色(2)条纹或格子花纹的软装饰品,如靠垫和地毯。这种颜色组合适合用在卧室或客厅里。

桃粉色(4)和太妃糖色(5)适合用在细节上,可作为灯具、烛台、果盘、珠宝、鲜花等的颜色。

都市与乡村的结合

大胆、现代的颜色组合,很适合用在一个或新或旧的建筑上,打造一个功能性的现代厨房或一个乡村风格的卧室。姜黄色(1)能给任何一个房间带来家的感觉,它与牡丹红色(2)搭配,打破了传统的陶土色和黄色的组合。

暖色和冷色的对比形成一种朴素又现代的风格。

像牡丹红色的两种色调(2,3)是非常鲜艳的,有很强的装饰性,很适合做平坦的橱柜或家具表面的颜色。将它们与下面的冷色调搭配用在现代花卉或平面印刷品的面料上也十分合适。

冰蓝色(4)和瓷色(5)与背景色形成了鲜明的对比。这些冷色有助于避免整个房间的氛围变得太强烈或太传统。

在这个房间里,很适合搭配一些复古的、褪色的扶手椅或现代的玻璃架子和灯罩。

咖啡：餐后薄荷

咖啡色(1)和巧克力色调适合用在任何就餐区域。棕色色调的房间显得温暖，令人有满足感。用明亮的薄荷色(4)餐具作为装饰会产生奇特的效果，也可以选用人造龟壳或抛光的椰壳做成的餐具进行装饰。

别致有趣的餐厅。

浓缩咖啡色(2)是背景色的深色版本，可用于木制品和餐桌。如果想要与众不同，可以在咖啡桌上画上垂直的条纹，用浓巧克力色(3)沿着木质桌子的纹路方向画。

使用明亮的薄荷色(4)和薄荷色(5)作为软装饰品的颜色，如椅子的座面和窗帘。现代壁炉可以使用薄荷色的砖，也可收集一些绿色玻璃杯和高脚杯。

细节部分应是薄荷马爹利酒或用新鲜的薄荷叶泡的薄荷茶，并且在绿色摩洛哥茶杯里做薄荷巧克力慕斯。

肉豆蔻色、茶色与南瓜色

在设计任何环境时,你都必须考虑五官的感觉。颜色可以在视觉上刺激我们,我们也可以用肉桂色和肉豆蔻色(1)的香味,或是新鲜出炉的南瓜派来丰富嗅觉和味觉。寻找优质的布料,播放振奋人心的音乐。

一款引起味觉的颜色组合。

肉豆蔻色(1)是一个性感的背景色。在此基础上搭配的颜色组合,将改变厨房或用餐区的氛围,让人不再疲惫。

水绿色(2)和灰绿蓝色(3)作为前景色看起来明亮且折中了太过强烈的暖色。根据你对鲜艳颜色的喜好,在不同程度上去使用它们。

蜂蜜色(4)可用于窗帘、相框或镜框上。将蜂蜜色与琥珀色(5)混合用在细条纹织物中制成座椅套、坐垫、个性的茶杯垫和盘子垫。

栗色和马鞍皮革色

经典的皮革色(1)在室内设计中常常被低估。这种丰富而高贵的色调往往会令人难以置信地满意。将其与简单、中性的色调混合,会显得经典耐用,或者搭配明亮的色调打造出现代的时尚感。

棕色与鲜艳颜色的组合。

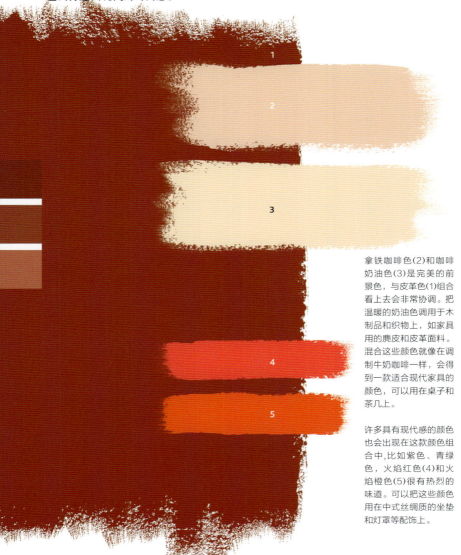

拿铁咖啡色(2)和咖啡奶油色(3)是完美的前景色,与皮革色(1)组合看上去会非常协调。把温暖的奶油色调用于木制品和织物上,如家具用的麂皮和皮革面料。混合这些颜色就像在调制牛奶咖啡一样,会得到一款适合现代家具的颜色,可以用在桌子和茶几上。

许多具有现代感的颜色也会出现在这款颜色组合中,比如紫色、青绿色,火焰红色(4)和火焰橙色(5)很有热烈的味道。可以把这些颜色用在中式丝绸质的坐垫和灯罩等配饰上。

朴素又雅致的中性色

茶色(1)搭配一些较浅的棕色,看上去会非常典雅。这款颜色组合适合用在女主人的化妆室或装饰考究的浴室里。用粉色的前景色在局部点缀,如床头的墙面,起到调亮的作用。

一些中性色突出了背景的棕色。

浅粉红色(2)作为前景色,几乎和茶色同样重要,可用在墙壁、具有光泽感的木质家具、浴室的木板门上。

浅棕色调(3,4,5)可以灵活地使用,可用于绸缎窗帘、彩色玻璃吊灯或形状不规则的碗盘。

可使用装饰性强的古典法国风格的家具、印有字母的床单和毛巾或一把复古的、带有弧度的雕花铁质躺椅。

黄色

金褐色	106
玉米色	107
沙漠黄色	108
金沙色	109
阳光黄色	110
柠檬蛋糕色	111
蜂蜜色	112
浅毛茛色	113
黄玫瑰色	114
柠檬黄色	115
天然小麦色	116
奶油色	117
柑橘色	118
柠檬雪芭色	119
黄金色	120
百合色	121
蜡笔黄色	122
黄绿色	123
油灰色	124
竹黄色	125
梨黄色	126
甘菊色	127
柳黄色	128
黄棕色	129

成熟的男性魅力

这些简约的棕黄色调十分吸引人,令人备感轻松。将金褐色(1)作为房间的主色,配上温暖自然的颜色,适用于男士的书房和工作室。可以借鉴在博物馆或图书馆看到的装饰,如木质镶板、纽扣皮沙发或亚麻墙纸。

一组适用男士书房和工作室的配色。

用柔和的强调色来中和浓郁的金褐色(1),营造出奢华氛围。选用天然矿物涂料来打造品质高端的饰面。与化学涂料相比,这些涂料颜色的持久性更佳且气味较小。

稻草色(2)和麻绳色(3)是百搭色,能打造经典饰面。

选用栗色(4)的皮革椅和皮革书桌。铺一条沙色(5)、稻草色(2)和麻绳色(3)相间的小地毯或挂上三色混合的厚天鹅绒窗帘。墙壁贴上亚麻墙纸。

浓郁的玉米色

深玉米色(1)容易让人联想到漫长的夏日和温暖的夜晚。该色非常适用于乡间小屋、农舍和老式建筑,也可用来粉刷房子外部。本配色适合打造温暖舒适的厨房和阳光房。

浓郁的蛋黄色,营造温暖的气氛。

带橙色色调的黄色,给人以柔和之感,能营造舒适的氛围。

深森林绿色(2)与黄橙色很搭。挑选家具时可以从有浅玉米色(3)皮座椅的跑车中汲取灵感,将深森林绿色用于传统的农舍烤箱或橱柜门。

蛋黄色(4)和生姜色(5)非常适用于厨房,也可选用该色的装饰品。

大胆的沙漠色调中性色

中性色很百搭。选用一款实用的中性色作为底色,很多年都不会过时,若需改变装修风格只需改变强调色即可,不用额外的搭配。沙漠黄色(1)和棕橙色或浅绿色十分相配。

柔和的中性色搭配显眼的亮色,现代又生动。

现代室内设计的关键在于巧妙地运用色彩,但这并不意味着一定要选用鲜艳的颜色。现代设计理念是要在整个房间内和谐地运用漂亮、柔和的中性色调。

兔灰色(2)和暖灰色(3)很搭,有一种温暖感。

添置一些显眼的亮黄色(4)装饰品和织物,以免房间的色彩过于单调。运用石板色(5)勾勒细节。

经典的蓝色海岸

金沙色(1)能与古铜色的肌肤和蔚蓝色的海洋构成一组完美和谐的配色。这一经典黄色调也可以用于家具和装饰品。无论在室内设计还是时尚设计中,棕色和天蓝色相搭,都会有出众的效果。

灵感来源于地中海的色彩。

棕黄色(2)和栗棕色(3)使主色调更加丰富,本配色非常适用于客厅或餐厅,容易让人想起20世纪50年代风格的胡桃木或樱桃木质家具。

添几个灰绿色(4)和天蓝色(5)的天鹅绒靠垫和陶瓷器皿。

选用软装饰品时可以发挥想象力,不用刻意去室内装潢店购买,可以到裁缝店里买一些传统的花呢布料和羊毛织物来覆盖椅子。

阳光下的嬉戏

鲜艳的阳光黄色(1)有趣活泼,这类干净的颜色可用于儿童娱乐区或家庭游艺室。搭配冰激凌色和蓝色,形成一组有趣的、冷暖对比明显的配色。

试着将三原色运用于和家人朋友玩耍的房间。

将香草冰激凌色(2)用于木制品,若不想让房间色调过黄,也可将墙壁刷成该色。

选用覆盆子色(3)的塑料椅子或豆袋懒人沙发,因为孩子会经常在房间里玩耍。注意室内装饰要选用易清洁的材料。

将海军蓝色(5)和中国蓝色(4)搭配黄色背景,用于靠垫、窗帘或存放孩子玩具的木质储物箱。

藏红花和矢车菊

甜美迷人的柠檬蛋糕色(1)配上破晓时分的黄色和植物新梢上的绿色,早晨在这些颜色的包围中醒来十分惬意。本配色适用于卧室、浴室或厨房,让你的早晨焕发光彩。

本配色灵感来源于春天的草地。

漂亮的象牙色(2)非常适用于窗帘,可以自然地反射早晨的阳光。木制品或地板也选用该色,可以增加房间的亮度。

木质家具,如椅子和橱柜,选用活泼的薄荷色(3),或将它用作厨房里餐盘的颜色。

蕨绿色(4)和桃色(5)可用于床上用品、毛巾或室内装饰织物上的精致花卉或刺绣图案。

蜂蜜和香草奶油

蜂蜜色(1)配上浓郁的香草奶油色(2)和巧克力棕色(3)，缀以鲜艳的覆盆子色(4)和霓虹粉色(5)，令人愉悦。本配色适用于客厅或卧室，经典又活泼。

甜美诱人的甜点色令人愉悦。

将蜂蜜色(1)和奶油色(2)作为主色，营造温馨且典雅的氛围。

巧克力棕色(3)不是传统主义者的专用色，该色亦可用于地板或现代矮桌。你也可选用印有亮粉色和奶油色图案的巧克力棕色织物。若在卧室中，可以试试将巧克力色的人造毛皮作为床头板的面料。

添几件覆盆子色(4)和霓虹粉色(5)的惹眼装饰品，如一把由设计师设计的椅子或插有深粉色玫瑰的奶油色陶瓷花瓶。

多样、优雅与整齐

颜色的和谐组合。

这些不常见的颜色也能和谐地搭配,将浅色、具有朦胧感的色调作为主色。浅毛茛色(1)可以用于整个房间,它是一种不失活力的中性色,适合作为背景色来营造氛围。

将淡丁香色(2)和冷紫水晶色(3)用于地板或大件家具,这两种颜色与毛茛色十分相搭,可以完美平衡。

淡黄色(4)和柑橘黄色(5)与背景色互补,使房间更鲜艳明亮。

将所有的强调色混合,用于香奈儿风格的时尚织物,并将其铺在椅子和沙发上。

阳光明媚的玫瑰园

将漂亮的黄玫瑰色(1)作为底色,配上玫瑰园的色彩,打造一间明亮、阳光充足的浴室。可选用二手家具,如传统的独立式浴缸、水龙头配件、条纹式木椅和橱柜,用清漆来维持家具的原始饰面。

本配色着重于女性风格的细节,打造复古感。

浅卡其色(2)和开心果色(3)非常适合清漆家具。浴室中的木质镶板可以涂成与橱柜、窗框和毛巾杆相同的颜色。

给一把旧椅子盖上玫瑰粉色(4)和天竺葵色(5)的条纹罩布,同样的织物也可用于窗帘或窗帘系带。

添置一些装饰品,如花纹陶瓷肥皂盒或水壶,打造复古感,也可以买一些粉红甘油香皂或花香沐浴用品。

明星沙龙

选用高光表面来突出柔软的柠檬黄色(1)色调。精心挑选一些法式家具与装饰,营造真正的沙龙氛围。借助灯光来打造不同颜色的光晕。

一组令人愉快的配色方案,使人心情舒畅。

柠檬黄色(1)的墙壁与柔和的薄荷色(2)和鼠尾草绿色(3)的家具相得益彰。

用浅粉色(4)和柔软的桃红色(5)天鹅绒被,添几个羊皮和亮片垫子,营造奢华感。房间里挂上一盏闪耀的水晶吊灯,模仿沙龙风格。

挑选缀有小灯的粉色或桃红色镜框摆在桌上,也可将它挂起来,就像舞台化妆间里的梳妆台一样。

巧妙、凉爽与放松

将天然小麦色(1)作为主色，墙壁刷成该色或贴上该色的竖线条纹墙纸。柔和的黄色、白色和冷静的蓝色、灰色组成现代配色，营造出宁静又友好的氛围。

时尚精致的配色方案，适用于餐厅和工作室。

有人认为白色(2)本身不是一种颜色，但选用白色的木制品，可以减弱黄色作为背景色的存在感，使房间看上去更干净整洁。

浅灰蓝色(3)非常适用于室内装饰，可以选用该色的天鹅绒或粗布织品，来获得与众不同的手感。

添加一些石板蓝色(4)和炮铜灰色(5)的现代装饰品，如方形的日式餐盘或细长花瓶。在浅黄色背景的衬托下，这些饰品将十分惹眼。

糖果色的化妆品

奶油色(1)相比纯白色来说更为漂亮,搭配裸色系的雪芭色、奶油糖果色和玫瑰粉色,看上去十分诱人,很有女人味且非常百搭。本配色尤其适用于卧室和厨房。

本配色灵感来源于散发着芬芳气味的化妆品。

就像化妆一样,一层一层地为房间上色,直到完成设计。

将粉饼色(2)和甜饼干色(3)作为底色用于地板和床罩。若是在厨房使用该色,只需在橱柜上轻轻刷上一层就很漂亮。

粉红色(4)可用于织物装饰品。

深奶油糖果色(5)色彩鲜艳,但需谨慎使用,适合用在橱柜把手或玻璃器皿上。

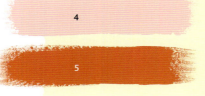

丰富生动的柠檬黄色

柑橘色(1)是一种酸橙调的颜色,适合搭配蕨绿色(3)和兰花紫色(4)。将柑橘色作为主色,两种绿色调作为强调色用于壁炉和壁龛内部,相辅相成。本配色适用于任何房间。

清新的柠檬黄色调与丰富的中间色的美妙结合。

黄绿色(2)和蕨绿色(3)是带有黄色调的绿色,巧妙应用不同深浅的色调,可以营造完美且生动的现代感。在尝试这样的颜色组合时,注意使用遮盖胶带避免颜色混合。

选用兰花紫色(4)和豌豆色(5)的条纹窗帘或靠垫,挑选三盆颜色相近的热带兰花放在矮桌上。

活力闪耀的雪芭色

这款颜色较浅的柠檬雪芭色(1)清新轻盈,能使沉闷的卧室和浴室充满活力,适用于自然光线不充足的房间。黄色与蓝色是经典搭配,令人愉悦,细节处可使用闪光涂料。

色彩与光线的美妙结合。

这几款蓝色清新洁净,明亮的湖绿色(3)和韦奇伍德蓝色(2)是两款截然不同的蓝色,但它们与柠檬雪芭色都能很好地搭配。将蓝色用于木制品和浴室瓷砖。

本配色中的强调色十分柔和,与较亮的背景色形成对比。用灰色色调的蓝色来进行装饰,整个房间的色调就不会显得太过轻浮。选用鸭蛋色(4)和浅黏土色(5)的织物或固定装置。

炎热的印度之夏

受宝莱坞的启发,将黄金色(1)与浓烈的橙色相结合,形成一组艳丽的配色,充满了活力与乐趣。本配色容易让人联想到带有纱丽窗帘和华丽细节的印度主题房间。

热烈的色彩营造出宝莱坞的氛围。

桌面贴上日落橙色(3)和桃色(2)的福米卡家具塑料贴面。可将宝莱坞电影海报贴在福米卡贴面上或挂在墙上,来营造庸俗感。

挂上金盏花色(4)的透明传统印度纱丽窗帘,再添置几个同色的靠垫。窗帘杆和壁炉架上挂几个纸花环。

在深茄子色(5)的玻璃碗里装满色彩鲜艳的传统印度糖果和玩具。

古怪、神秘的光芒

微微发亮的百合色(1)优雅又梦幻,像这样浅淡的颜色可以提升房间的亮度,营造梦幻又轻盈的氛围,搭配蜻蜓绿色(2, 3)和深紫罗兰色(5),适用于浴室。

柠檬黄色和绿色的梦幻搭配,打造童话般的卧室。

梦幻的蜻蜓绿色适合用在如玻璃或有色塑料等半透明的表面上,用在不透明的磨砂浴帘或者独立式屏风上效果也很好。若想打造更奇特的效果,可用深孔雀蓝色(4)在屏风或墙上画一些攀缘植物。

可将四种强调色混合用于图案织物,深紫罗兰色(5)用于细节装饰,如插在花瓶中的羽毛、紫水晶或孔雀石。

清爽、清新、活力四射

明亮的蜡笔黄色(1)搭配活跃的蓝色和薄荷色(2),形成一组生动的配色,极适用于打造活泼的房间。可以同时使用天然色调和人工合成色,突出现代感,十分吸引人。

一组充满生机、令人屏息的配色。

蜡笔黄色与亮黄色的主色十分相搭,也可与白色搭配形成条纹图案。薄荷色十分柔和,可用于地板或木制品。

干净的青绿色(4)适用于儿童卧室和家庭游艺室,也可用于孩子们的塑料座椅或床架。

矢车菊蓝色(5)通常是男孩子们喜欢的颜色,将它与其他鲜亮的颜色搭配,可将矢车菊蓝色作为强调色用于相框或在房间的墙壁上画上该色的赛车纹。

鲜亮的黄绿色

本配色由明亮的黄绿色(1)和丰富的灌木绿色组成，能打造颓废风格浓郁的房间。可能的话，挑选一间直接通向院子的房间运用本配色吧。从浅豌豆绿色到深橄榄色(2)，绿色色调深浅不一。

诱人的黄绿色能与很多种绿色都完美相搭。

客厅中的木质家具刷成绚丽的深橄榄色(2)和黄绿色(1)，选用同色的木质百叶窗或遮光帘，打造复古风格。

天堂粉色(3)能缓解房间内浓重的绿色，可将其用在织物图案、水果盘或餐碟上。

织物和灯罩可选用不同色调的黄绿色(4，5)。

把所有的颜色混合，用于带花纹图案的布艺制品，如靠垫和脚凳的凳面。

装饰艺术：经典又淡雅

油灰色(1)是20世纪初最早出现的室内涂料颜色之一。如此经典的颜色，适用于有一定历史的房子，当然，也可用于现代的开放式空间。用几何图形的铬黄色装饰厨房用具和桌椅腿。

用现代风格诠释古典色彩。

这款配色的灵感来源于设计和创新的美妙时期——装饰艺术时期。黑色(2)木制品用于传统的窗户和深色的踢脚板效果显著，也可用黑色玻璃表面代替。油灰色(1)可以突出黑色的强烈氛围。

温暖的20世纪20年代的粉红色(3)增添了整个房间色彩的魅力。

尼罗绿色(4)同样是20世纪20年代的经典流行色，将它和坚果棕色(5)一起用在细节装潢上。选用原创的艺术装饰家具和针织品。

竹子与中国艺术风格

竹子在世界各地被用来制作家具、地板和轻便器皿，它生长迅速且无污染。一些带竹黄色(1)的暖色调可作为背景色，本配色灵感来源于中国艺术对19世纪早期室内设计的影响。

用天然颜料和饰面打造东方神韵。

在刷完涂料后用浓郁的漆红色(2)来上釉，用于门、大件橱柜和室内大型衣橱的铜质门把手或拉手。添加一些红色或黄色的丝绸流苏配饰，打造真正的中国风格。

砖红色(3)很适合织物，如中式提花织物或一般的丝绒。

深土色(4)和黄色(5)可以用于中式的图案和花纹。

少女风的调皮和挑逗

让色彩表达你的个性,这样的室内装潢乐趣无穷。像梨黄色(1)这样的天然水果色让人心情愉快。把自己的房间设计成一个私人衣橱——装满你的个性色彩。

会令人愉快的颜色组合。

艳丽如鲜花般的颜色使房间充满欢愉的气氛,将淡黄绿色(2)用于木制品、门或吊灯,软化房间边缘线条。

家具,如厨房的椅子或橱柜,可以漆成绿叶色(3)。

把泡泡糖色(5)和糖浆色(4)这样的糖果颜色作为椅子靠垫的颜色。在浅色背景墙上挂一些厨房用品,如橡胶手套、茶巾或烹饪器具,十分漂亮。

甘菊色调

甘菊色(1)和茶色(2)是一款经典的搭配,适用于客厅、餐厅和开放式厨房。集中暖色调融合在一起,营造出舒适的氛围。

感到缱绻在温暖的春色中。

茶色是本配色中的第二大主色,地板或餐桌可漆成该色。

小麦色(3)是一款灵活的调节色,它为设计添了一份稳重感,将其用于窗帘和工作台面。

添置一些配饰,如复古皮椅、手工编织的毯子或有拼布工艺的毛巾。在壁炉里堆放些木柴或把它们沿着墙摆放。

选用烟草色(4)和秋海棠色(5)的软装饰品或手绘陶瓷。

直观的视觉效果

光和影的对比在现代设计中被广泛运用。你可以模仿一些夜总会的宣传单、时尚小店的名片,运用亚光和局部高光设计。柳黄色(1)在这类设计中是一款比较稳妥的颜色。

一组由电脑生成的现代配色。

自然色在这里被人工和现代技术加以改进。暗玫瑰粉色(2)和灌木绿色(3)是这些植物原本颜色的强化。家具漆成灌木绿色,地板或由设计师设计的家具使用暗玫瑰粉色。

深红色(4)是本设计中主要的强色调,将其用于壁纸、靠垫、餐具和墙上的海报。

日落橙色(5)适合用于灯具,或在家庭游艺室里挂上一幅该色的艺术画,一定能吸引眼球。

阳光下的斯堪的纳维亚

本配色灵感来源于斯堪的纳维亚的景色。北欧的阳光使色彩看上去清晰明亮。北欧国家习惯使用冷色调，本配色适用于厨房和浴室，将棕色和蓝色作为基本色调。

由日常颜色组成的一组活泼又经典的配色。

可以在墙壁上贴黄棕色(1)的布艺墙纸或纹理墙纸。

玉米色(2)适合用在窗框上，增强照射进来的光线色调。橱柜和浴室柜使用豌豆绿色(3)。

蓝绿色(4)和石油蓝色(5)适合做软装饰品的颜色，配上北欧的风景画，保持室内主题的一致性。

绿色

森林绿色…………………………… 132
翠绿色……………………………… 133
绿叶色……………………………… 134
豌豆绿色…………………………… 135
鳄梨色……………………………… 136
青柠色……………………………… 137
薄荷冰激凌色……………………… 138
醋栗色……………………………… 139
淡绿色……………………………… 140
松绿色……………………………… 141
淡苹果绿色………………………… 142
柠檬雪芭色………………………… 143
海水泡沫色………………………… 144
浅湖绿色…………………………… 145
胡椒薄荷色………………………… 146
建筑绿色…………………………… 147
薄荷色……………………………… 148
浅翡翠绿色………………………… 149
海绿色……………………………… 150
铜绿色……………………………… 151
鼠尾草绿色………………………… 152
海洋色……………………………… 153
绿松石色…………………………… 154
孔雀石绿色………………………… 155

自然、平衡的森林

绿色在彩虹七色和色轮中都居中,因此有平衡色的美称。绿色代表着自然,森林绿色(1)象征着新生命,是一种能振奋精神的恢复性颜色,本配色适用于餐厅,可以营造舒适的氛围。

将浅绿色和深绿色结合,保持房间色调的平衡。

如果将深绿色作为房间的主色调,同时就应使用其他较浅的色调来平衡颜色,否则色彩太过强烈。芹菜色(2)是理想的平衡色。比较稳妥的做法是把深绿色用在桌椅脚处,稍浅的芹菜色用在上部。

浅苔藓绿色(3)非常适合做地毯或木地板的颜色。

深森林绿色(4)适合用在底柜或窗框上。明亮的浅薄荷色(5)可用于窗帘。

布鲁姆斯伯里风格

英国萨福克郡的查尔斯顿庄园是一座历史地标,在20世纪初曾是艺术家和作家的聚集地,如弗吉尼亚·伍尔夫。那所房子现在被刷成翠绿色(1),但仍保持着20世纪20年代的风格。

灵感来源于英国的布鲁姆斯伯里。

本配色的主色是带有黄色调的深绿色,搭配几款中性色来凸显活力。你可以尽情发挥想象力,在门、桌面或地板上使用这些颜色。

青灰绿色(2)是一款浅中性色,将它作为主色用于地板。

暗玫瑰粉色(3)和托斯卡纳橙色(4)可用于有图案的织物。

家具漆成橄榄绿色(5)。

春意盎然的花卉

绿叶色(1)是一款来自花园的自然绿色,带有黄色调。我们不能忽视大自然的颜色带给我们的灵感。本配色可随季节变化而变换使用,夏天使用浅粉色,冬天使用深紫色。

绿叶色与花瓣色调的完美组合。

将墙壁刷成作为主色的绿叶色(1),但这类深色色调可能会使气氛显得有些压抑,可与百合色(2)调配,刷在一面或半面墙上。

因为墙壁的颜色过深,需要用浅一些的颜色来刷天花板和地板。一些大胆的设计师会将地板刷成花瓣粉色(3)。

薰衣草色和紫色(4,5)适用于室内装饰品和窗帘,仿佛在绿园里种满了鲜花,春意盎然。如果你只想在房间内增添一点紫色色调,可选用紫色的靠垫和绿叶色的家具。

豌豆绿色与青柠色——充满活力又鲜嫩

这款配色十分大胆。清新的绿色充满活力和能量，能使整个房间生机勃勃。将豌豆绿色(1)作为主色用于活动频繁的空间，如门厅或走廊。

用充满活力的亮色来减轻疲惫感。

蒲苇色(2)颜色较浅，绿中带黄，适合用于地板或松木家具。

鼠尾草绿色(3)非常适用于软装饰品和布艺制品，如该色的厚绒窗帘。

青柠色(4)色彩强烈，引人注目，非常适合勾勒细节，把它用在透明材料上，如玻璃或树脂。

森林绿色(5)可用于小地毯或相框，勾勒出比背景更深的基调。

柔和静谧的绿

绿色被认为有助人沉思的作用。这款带有灰色调的柔和配色适合打造简洁、安静的生活氛围。鳄梨色(1)安静温和,适用于浴室和卧室。

柔和的绿色和冷静的蓝色相搭配。

选用天然材料和颜料,如石灰乳或水浆,这些涂料不仅无污染,而且效果自然平实。

碗柜和其他木质面板刷成浅蓝色(2)和灰蓝色(3)。如果地板是木质的,试着染成这种色调。

把留兰香绿色(5)用于棉质织物,如窗帘、毛巾或床单,为房间注入一丝清新。

现代图案对比

本配色由深色与浅色组合,显得生动活泼,与对比色放在一起,效果十分戏剧化。绿色和红色在色轮上是完全相对的两种颜色,因此在本配色中,青柠色(1)、孔雀蓝色(4)和焦橙色(5)的对比效果非常显著。

强烈的色彩混合,增添室内情绪。

艳丽的颜色非常吸引眼球,这款配色适用于开放式的工业风格的空间,同时也适用于儿童游戏室。你可以在墙壁和地板上随意使用条纹和色块图案。

把青柠色(1)作为主色,空间越大,其他颜色的利用率就越高。

用焦橙色(5)标记房间的各个角落或画上几个箭头,来引人注意。

绚丽传统的印花棉布

尽管红色和绿色在色轮上是对比色,但它们同样可以搭配得很好。把薄荷冰激凌色(1)作为主色,配上少量的红色来制造反差效果,能让人眼前一亮。再添一些白色,可以缓解这种强烈的对比。

花卉颜色组成的夏日配色。

用象牙色(2)、粉色(3)来平衡过于强烈的主色。若想打造复古风格,就在墙壁上贴上白色和绿色相间的条纹壁纸。

房间里的花纹图案要同时融合这五种颜色,选用带有精美的粉色花卉图案的现代布艺品。

唇膏红色(4)可以用在高光泽的材料上,如红色玻璃。

苔藓绿色(5)可用在大件家具上来平衡房间的色彩,避免整体的颜色过于艳丽。

浪漫芭蕾

柔和的配色，灵感来源于画家埃德加·德加。

法国画家、雕塑家埃德加·德加绘制的《芭蕾舞女》描绘了一位芭蕾舞演员在后台排练时的场景，他用多种嫩绿色和粉色营造出光线漫射的效果。本配色的灵感便来源于那种淡雅的重叠色彩的表现手法。醋栗色(1)适合打造雅致的卧室、客厅或阳光房。

作为主色的醋栗色(1)是本配色中最深的颜色，把其他四种颜色慢慢铺开，就像艺术家在创作杰作一般。

天花板和地板刷成最浅的茴香绿色(2)。石膏灰色(3)是一款漂亮的中性色，可用于大件家具，如沙发和扶手椅。

选用桃色(4)和芭蕾粉色(5)的透明窗纱。粉色也可作为缎面靠垫的颜色。在壁炉上方挂一幅德加的画，效果会很好。

露天花园

将绿叶色和淡绿色(1)作为主色，配上其他中性色和几抹紫红色，使卧室看起来像花园的一部分。在朝着花园的墙上装上玻璃推拉门，可以巧妙地把室外风景融入室内。

新鲜明亮的配色，将室外花园的清新带入室内。

白天，随着自然光线射入房间，淡绿色(1)在阳光下显得十分有活力。家具漆成中绿色(2)，这是一款多变的基色，可以随着季节的交替而变化。

嫩绿叶色(3)和水泥色(4)可用在梁和柱等建筑结构上，也可由外至内铺设石板。

添加一些鲜艳的紫红色(5)装饰品，如靠垫、镜框或鲜花。

清香的绿松和薰衣草

松绿色(1)不仅能带来视觉上的愉悦感,也能让房间变得自然清香。挑选一些触感强的、有织纹的表面材料。添置几株薰衣草放在桌上或插在花瓶里,房间内多放些绿叶植物。

一款清新自然的颜色组合。

新鲜的绿色搭配冷静的白色和活跃的薰衣草紫色(4),极适用于浴室。选用浅玫瑰粉色(2)的浴室装置,这款颜色塑造性很强。

浅薰衣草紫色(3)适合用在木制品上,如浴缸的外围和浴室柜。

薰衣草紫色(4)和深松绿色(5)色彩鲜艳,逛逛二手店找找这两种颜色的中国瓷器。可用这种颜色的墙纸包装旧书或礼物送给朋友,十分新颖别致。

苹果、鲜花和阳光

淡苹果绿色(1)亮丽清新,能使整个房间焕然一新。浅绿色适合任何风格,既适用于传统小屋也适合现代公寓。甜美的苹果色调极适用于卧室。

淡苹果绿色是春天的颜色。

1

2

3

4

5

本配色灵感来源于早春的新苗和温暖的夏日清晨。挑选自然浅色的木质家具,配上新鲜的花卉来营造气氛。

想象一下,阳光从窗户透过,漫射到房间内,阳光黄色(2)和春绿色(3)相结合,温暖又惬意。

如果想要营造一种真正的花园风格,可以通过添上苹果花粉色(5)或樱花粉色(4)的精致靠垫和地毯来点缀。

雪芭色、柠檬黄色和无花果色

本配色灵感来源于诱人的甜点。柠檬雪芭色(1)清新又有活力,涂料上墙后,颜色会随着昼夜的不同而变化。在夜晚室内的灯光下,所有的颜色都会微微泛黄。

令人垂涎的水果色组合。

无花果色(3)适用于布艺制品,可将它用于亮丽的丝绒品或无光的毛料织品。

木制品如挂线盒或百叶窗,刷成草莓慕斯色(2),可以突出它的原始特点。

玻璃器皿选用酸柠色(4)和绿柠檬色(5)。布艺制品和创意陶瓷可以选用两色混合的花纹图案。把精致的蛋糕和蓬松的酥皮馅饼放在颜色鲜艳的盘子上,令人垂涎欲滴。

精致、典雅的乔治王时代

像海水泡沫色(1)般的蓝绿色调多年来一直是人们喜爱的家居色彩,但要注意有些绿色颜料是有毒的。参观一些富丽堂皇的住宅或修缮过的历史建筑,从中汲取灵感——现在大多数油漆公司都会生产怀旧颜色的涂料。

参考历史悠久的经典室内设计,来汲取灵感。

本配色中的绿色看上去偏蓝而不是偏黄。选用雪松绿色(2)和铜绿色(3)的软装饰品,在海水泡沫色(1)的背景衬托下会非常突出。

鸭蛋色(4)用途很广,可用于家具、相框或壁纸,也可和铜色(5)混合绘制图案。

铜色也可用于设计的细节部分,如相框边缘、门把手、烛台或靠垫。

清新、青翠欲滴

浅湖绿色(1)纯净又振奋人心,这款浅绿色可以反射光线,增加房间的亮度。不同深浅的色调组合成装饰艺术,打造现代风格的房间,使人舒缓放松。

一组振奋人心的配色方案。

用明亮的白色(2)进一步提升房间的亮度,如果房间狭小且光线不足,本配色方案最合适不过了。使用隐藏式灯具为房间增加光源,并用小灯泡装点化妆镜四周,使房间更显亮丽。

深墨水蓝色(3)色泽饱满绚丽,可用于窗户和门框,也可用于细节装饰品,如陶瓷碗、肥皂盒等小物件。

把留兰香绿色(4)和湖绿色(5)用于有色玻璃搁板架或玻璃罐,还可添置一些湖绿色的毛巾。

胡椒薄荷色、巧克力色和咖啡色

胡椒薄荷色(1)和巧克力色(2)一直很搭，这样的颜色组合不仅看起来舒服，也很诱人。薄荷色能振奋人心，而棕色可以使人感到安静且放松。本配色适用于客厅或餐厅，效果惊艳。

一组活泼、甜而不腻的配色。

主色胡椒薄荷色像冰激凌一样诱人，可用于房间内的墙壁，也可将房子的外墙刷成该色。

选用巧克力色(2)的豪华皮质沙发，面料可选用柔软的皮料或仿麂皮。

果仁糖色(3)是奶油色和坚果棕色的混合，非常适合一个具有装饰性的壁炉。

咖啡色(5)适用于深色的木质家具，式样要保持现代简约风。

薄荷叶色(4)可用在细节装饰品上，如靠垫、毯子或玻璃制品。

城市风光

和自然风景一样,城市景观同样可以激发设计师的灵感。现代城市充满色彩和设计理念。浅灰色搭配建筑绿色(1),再与一些如交通信号灯般醒目的颜色相搭配。整个房间风格十分现代。

从你所处的世界中汲取灵感。

将一些室外元素融入室内,柱子和地板刷成水泥色(3),在墙上装饰一些创意标志图形。

选择开放式空间中单独的一面墙或地板刷成信号灯绿色(2)。

信号灯红色(4)实用性很强,用这个颜色在地板上画条纹,单件家具也可选用该色,如一把设计师设计的椅子、一套现代的彩色树脂组合抽屉或一个表面光滑的瓷器柜。

卡其色(5)是一种很棒的基础色,可以用在其他家具上。

薄荷色、柑橘色和海洋绿色

清新的薄荷色(1)振奋人心,适用于浴室。蓝绿色能帮助恢复体力,提神醒脑,保证你早晨起来精神抖擞。

清新的薄荷色可以唤醒感官。

要想打造浴室和淋浴房的现代感,需要保持色彩的纯净,效果才能显著。

可用来搭配镍铬材质的配件,也可搭配白色家具,给人清新现代之感。

柑橘绿色(2,3)适合做木制品的主色调。

选用深海绿色(4,5)做玻璃器皿或墙面装饰品的颜色。

自然提神

明亮自然的颜色组合，振奋人心。

浅翡翠绿色(1)和天然稻草色、日光黄色相映衬。带有黄色调的中性色和明亮的绿色互补，和谐又自然。本配色适用于厨房或起居室，配合自然光线，效果绝佳。

厨房橱柜刷成浅翡翠绿色(1)，看上去像20世纪50年代风格的餐厅。

阳光黄色(2)比通常的黄色更深一些，带有橙色调，是厨房设计的常用色。该色使房间显得更温暖，可将一面墙或几面墙刷成该色。

鳄梨色(3)和麻绳色(4)可用于表面材料，如麻、纤维地板或竹藤编织品。

豹棕色(5)十分漂亮，可用在细节装饰品上，如门把手或相框。

饱满、超脱与大胆

海绿色(1)是一款色深但亮丽的颜色,它既可以与如冰激凌色一样的浅色搭配,也可以与一些浓厚的颜色搭配。无论是哪种,它都出类拔萃,但要注意保持这些深色之间的平衡。

强烈的颜色组合,大胆又超脱。

正蓝色(2)可用于软装饰品,选用现代风格的方正家具,而不是圆形的复古家具。家具图案应保持简洁,尽量以呈现色彩为主。

泡达粉蓝色(3)可用于木制品。

淡紫色(4)和深紫色(5)可用于装饰品和一些细节处,如一座半身塑像或神像摆件。

充满异国情调的古董绿色

这几款颜色看上去十分富有年代感,甚至可以说有些褪色。铜绿色(1)搭配上粉色和中性色,容易让人联想到某些历史时期。本配色有种怀旧感,适合搭配一些古董手工绣品作为沙发面料和床罩。

来自非洲和远东的复古色彩。

可以选用浅粉色和开司米色(2,3)的花纹织布,如刺绣或手工印花织物,可作为沙发面料和床罩。

森林土色(4)适用于地板,可选用该色的天然织物,如麻质地毯或毛质地毯。木质家具也可刷成相同的颜色。

添一些草绿色(5)的装饰品,如平底酒杯,亦可在墙或门上点缀绿玻璃珠子。

珐琅绿、玻璃绿和釉彩绿

绿色比其他颜色更富于变化,所以选择的余地也更大。它可以淳朴简单,也可以如珠光般华丽。鼠尾草绿色(1)可用于亚光或亮光表面,如瓷砖地板或木制品。

从苔藓绿色到孔雀蓝色,是一组丰富的绿色配色。

这款配色非常适合打造现代厨房,找些黏土烧制后上绿釉的花瓶,使不同色调的绿色成为房间的焦点。

鼠尾草绿色(1)和淡苔藓绿色(2)是本配色中最浅的色调,尽量多地使用吧。

孔雀石绿色(3)可用于厨房的瓷砖或玻璃表面,如工作台。

茶绿色(4)和孔雀蓝色(5)非常适合用于厨房用品,如瓷器或玻璃器皿。

海洋色

海洋色(1)很百搭，用于浴室、起居室或厨房都很适合。海洋色系有百万种不同的颜色，色调随着光线的强弱不同而变化。蓝绿色能使人镇定，帮助恢复体力。

海绿色与暖色调的红色相搭配。

地板可刷成海洋泡沫色(3)，在浴室里，也可以使用方形胶合板，涂上不同色调的绿色，做成棋盘格的图案。

毛巾和肥皂选用贝壳粉色(2)。在起居室里，选用贝壳粉色和海洋泡沫色相间的条纹沙发套。

鲜红色(5)是本配色中的强调色，可点缀在玻璃杯或豪华的玻璃吊灯上。

用深海洋色(4)来勾勒细节，如窗框、踢脚板或椅子脚。

充满活力的绿松石色

亮色不一定要和亮色搭配,在本配色中,将鲜亮的绿松石色(1)作为主色,配上其他柔和的灰色调绿色和深蓝色,平衡且丰富了色彩,适用于餐厅或客厅。

绿松石色搭配其他的经典颜色,效果很棒。

不经意的颜色组合往往有意想不到的效果。浅粉色(2)温暖舒适,非常适合用于软装饰品,可选用该色的丝绒、马海毛混纺或仿麂皮织品。

铺上灰绿色(3)的地毯,如果觉得绿松石色过于亮,也可将一面墙或局部墙面刷成灰绿色。

深绿色和深蓝色(4,5)降低了房间的亮度,增加了空间的深度和层次感,可用于装饰品,如镜框、烛台或灯罩。

炎炎夏日里的草地

这是一款老式配色,孔雀石绿色(1)容易让人联想到绅士的吸烟室和棋牌室,将它与一些色调较浅的颜色相搭配,会让人想起阳光下过度暴晒的草地和干枯的土地。

一组感性的夏日配色方案。

豆青色(2)很漂亮,很适合作为窗帘和布艺品的颜色。

晒褪的绿色(3)可选择用在木制品、门、百叶窗和搁板上。

在厨房中,可将浅棕土色(5)作为地砖和台面的颜色。在旧陶瓦花盆里装满草甸花,如雏菊或麝香豌豆花。

贝壳色(4)适用于橱柜或其他装饰品,可与其他强调色混合用于漂亮的花卉格子图案。

蓝色

靛蓝色 …………………………… 158
普鲁士蓝色 ……………………… 159
青绿色 …………………………… 160
深天蓝色 ………………………… 161
石青色 …………………………… 162
菘蓝色 …………………………… 163
湖蓝色 …………………………… 164
托帕石蓝色 ……………………… 165
勿忘我色 ………………………… 166
海水蓝色 ………………………… 167
碧绿色 …………………………… 168
天蓝色 …………………………… 169
浅蓝绿色 ………………………… 170
冰蓝色 …………………………… 171
浅紫蓝色 ………………………… 172
酷蓝色 …………………………… 173
浅灰蓝色 ………………………… 174
浅蓝色 …………………………… 175
瓷蓝色 …………………………… 176
蓝莓色 …………………………… 177
矢车菊蓝色 ……………………… 178
紫蓝色 …………………………… 179
牛仔蓝色 ………………………… 180
风信子蓝色 ……………………… 181
蔚蓝色 …………………………… 182
海军蓝色 ………………………… 183
地中海蓝色 ……………………… 184
深墨蓝色 ………………………… 185

靛蓝色：古老的矿物色

靛蓝色(1)最早发现于远东地区，极富历史内涵。建筑设计师路易·马若雷勒便使用深蓝色来装饰他在马拉喀什的家。和他一样，现在许多摩洛哥的现代室内设计师都选用蓝色作为设计的主色调。

靛蓝色是世界上最古老的颜色之一。

尽量使用天然材质的装饰品和皮制品，并选用色调最深的深蓝色(4)。可搭配天青石色(3)和红泥色(2)等天然颜色。

金黄色(5)和深蓝色十分相配。可用来装饰光泽感、金属感强的局部细节，如画框或镜面边缘，也可用作踢脚板或装饰皇冠，显示富贵气质。在餐桌上放一些金箔做的垫子和烛台。

强烈与优雅

强烈的普鲁士蓝色(1)色泽饱满,适合与浅色调搭配。色彩浓郁的深绿松石色与带有浅蓝色调的灰色形成对比,再缀以鲜亮的覆盆子色。本配色适用于厨房,推荐配上法式风格的橱柜,将其刷成浅蓝色。

一组深浅色的对比设计。

地板用浅蓝灰色(3)的石材,或使用混凝土,无须过度加工,应保持其天然感。

添加一些矢车菊蓝色(2)的瓷器和储物罐,放在搁板上。

鲜艳的深覆盆子色(5)适用做软装饰品和布艺品的颜色,如毛纺织的沙发椅垫或罩布,可选择覆盆子色和灰色(4)相间的条状花纹。

前卫、现代与清新

在做室内设计时,色彩的选择可以大胆一些,如果运用得当,一些看似冲突的颜色也能创造新的空间感受。将明亮的青绿色(1)作为主色,配上色调较浅的暖色,使人心情愉悦,强调色可选用鲜亮的橙色系。

如果搭配得当,冲突的对比色也可以达到平衡。

本配色非常适用于带阁楼的现代公寓房,也可用于传统室内装潢,增添乐趣和活泼性。

木制品刷成浅湖绿色(2),可以平衡较深的背景色。

将明亮的柑橘色(3)和芥末色(4)混合用作装饰品的颜色,可在餐桌上使用两种颜色相间的条纹图案的桌布,但椅子需要选用其他颜色。

桃色(5)能增添室内的暖意,可用于带几何花纹的坐垫和窗帘。

科尼岛的夏日

深天蓝色(1)是一款令人愉快的颜色,非常适用于浴室、厨房或客厅。可以发挥你的想象力使本设计变得生动有趣,添加一些游乐场的海报、纪念品、嘉年华的照片或明信片来装饰房间的墙面。

本配色灵感来源于科尼岛的夏日。

淘一些奇特的小饰品,可以将船绳作为窗帘拉条、灯的开关拉绳和毛巾挂绳。

注意颜色的混合。主色的蓝色、白色(2)和沙色(3)可做条纹图案刷在墙上或木工搁板上,在房间里创造嘉年华的气氛。

地板可以刷成大西洋蓝色(5)。

亮红色(4)适合用在塑料、瓷釉杯碗上,也可将它们作为装饰物挂在墙上。

柔和、安心的宁静色

石青色(1)可以舒缓眼睛的疲劳,这组配色十分柔和,适用于办公室或安静的起居室,使人身心放松,远离都市的喧嚣。

一组宁静、使人心神安定的配色。

挑选深石青色(2)的地毯,触感十分舒服。沙发罩选用豹灰色(3),面料可选用马海毛、仿麂皮或丝绒,整体保持中性冷色调。

灰粉色(4)和洋地黄色(5)作为点缀色。这两种粉色并不鲜艳,可以用来增添女性的婉约感,避免房间显得过于灰暗。这两种颜色还可用于靠垫、花瓶或书皮等细节处。

经典、量身定做的舒适

柔和的菘蓝色(1)搭配暖色系的泥红色(3)和深紫色,色彩饱满强烈,适用于起居室或厨房。蓝色与深棕色等泥土色系十分相搭。本配色适用于乡村风格或传统的地中海风格厨房以及不拘一格的现代客厅。

温暖宜人的蓝色。

挑选一些大型家具来搭配这些浓重的颜色。深紫色(5)可作为皮沙发椅和扶手椅的布艺罩颜色。

陶红色(2)和土蓝色(4)温暖热情,十分百搭。

泥红色可用于厨房和客厅里的地板。挑选来自西班牙、法国或摩洛哥的手工瓷砖,铺于地面、工作台面、水槽后面或桌面,让生活瞬间充满活力。

亮丽与活力

明亮的湖蓝色(1)非常适用于浴室。把黄色系作为强调色用于有图案的瓷砖和玻璃砖。由于色彩已经十分亮丽,要注意保持装饰的简约,可以多花点心思挑选高质量的铬水龙头和细节装饰。

干净的颜色,适用于打造简约风格的浴室。

房间内的木制品刷成柠檬泡沫黄色(3),保持线条的平直和清晰,可选用高光饰面。

地板刷成毛茛色(2),在早晨显得特别亮。也可将该色用在玻璃淋浴房,会呈现出霓虹般亮丽的效果。

浴室整体选用白色(4),干净利落。马桶、浴缸和浴室柜要采用超现代的设计和符合人体工程学的造型。

深绿松石色(5)可用于勾勒细节装饰,把你最喜欢的词句用乙烯基材料印刷出来,随意地贴在墙上。

精致、透明的暮色

托帕石蓝色(1)透明又精致,适合打造一间明亮轻柔的卧室或浴室。选用半透明的飘逸窗帘,配上着色玻璃灯具、烛台或水晶大吊灯。把握好色调的深浅来打造空间的层次感。

一款梦幻般的色彩组合。

本配色打造的房间会充满华丽感,但并不会夸张,而是每个细节都透露着精致的美。

墙壁刷成块根芹色(2)和鼠尾草绿色(3)。

选用石板蓝色(4)的软装饰品和布艺织品。

淡紫色(5)作为点缀,用于细节装饰,如玻璃花瓶或装着漂浮蜡烛的大碗。其他装饰品尽量不要出现在视线里。

陶瓷、天鹅绒与花纹

勿忘我色(1)非常适用于一间保留着历史特色的老房间。在客厅或餐厅,可选用该色的复古风格墙纸,带点颓废的怀旧之情。如果可以用手工墙纸,效果更棒。

本配色灵感来源于老式画室。

漂亮的两款绿色(2,3)非常适合用于地毯、窗帘和其他软装饰品,你可以根据自己的喜好选择用量。选用单色的布艺织品、触感良好的羊毛和亚光天鹅绒。挑一款有纽扣靠背的沙发式扶手椅。

无论是在白天的自然光照射下还是在夜晚的烛光下,这些颜色看起来都很引人注目。两款桃色(4,5)可增加房间的亮度,适合作为强调色用于墙纸、装饰坐垫或其他软装饰品上,抑或可以选用浅桃粉色的瓷砖或玻璃灯具。

流线型的复古小厨房

一款现代和复古的结合。

海水蓝色(1)是一款自然的背景色,本配色中将它搭配经典的米黄色(3)、烟草色(2)和曾流行于20世纪40年代的室内装潢常用色——奶昔色(4)。家具也可选用20世纪40年代或50年代风格的式样,选择印有醒目几何图案的布艺织品和印花织品来装饰。

本配色适用于餐厅或开放式厨房。若想打造复古风格,将烟草色(2)用于早餐台或酒吧台,米黄色(3)用作高脚酒吧椅和橱柜门的颜色。许多室内装饰公司都在复制那个时代的经典风格。

挑选奶昔色(4)的鸡尾酒杯、复古式的冰柜、烤箱和水壶。

挑选20世纪四五十年代式样的蓝绿色(5)食品包装袋,并将其堆在搁板架上,效果很棒。

现代花卉图案

碧绿色(1)是一款漂亮的背景色,干净、明亮,又不会显得太过艳丽。现在许多设计师都会把它用在布艺品和墙纸上,搭配现代花纹图案。试着挑选一些清新亮丽的墙纸。

现代花卉图案和蓝色的结合。

木质家具刷成淡草绿色(2),减少对细节的处理,保持线条的简洁。空间布置不要过于女性化。

清新的蛋壳绿色(3)可以搭配泡泡糖色(4)和茴香红色(5)。在某些印花品上,需要用白色作为背景色,以避免色彩的单一性。

现在有醒目花纹的软装饰品非常流行,当然你也可以只选用茴香红色来装饰。添一些有花纹的靠垫和窗帘,也可挑一些带图案的盘子和杯子装饰。

抚慰人心的中性色

天蓝色(1)搭配灰色调和暖性中性色,使人精神放松、镇定。本设计静谧平和,房间里的装饰品不要太出挑,每样东西都应各有其位,各司其职。

冷暖色调的组合,轻松又宁静。

1

2

3

晨雾色(2)是一种半透明的颜色,适合用在亚光或珠光的表面,木制品可刷成该色。

4

可以将鸽灰色(3)用于软装饰品,如卧室里的纺织品。

5

暖性中性色(4,5)为房间增添了华丽感。选用仿麂皮座套和柔软的羊皮地毯,再添加一些天然的金黄色木碗和木烛台。

粉画与粉质感

本配色中浅蓝绿色(1)的使用灵感来源于黎明时的地平线。一天的黎明时分,所有的颜色都十分柔和,并不鲜艳夺目,这就是本设计想呈现出来的感觉:所有的颜色看上去都很舒服,从地板到天花板,色彩是平稳过渡的。

带有灰色调的浅蓝绿色。

乳粉色(2)是酸奶的颜色——鲜艳的草莓色与奶白色混合后色泽减弱,适合用在房间的软装饰品上。选择能反射光线的羊毛织物,提高房间的亮度。

选择两种水洗的石头色(3,4)用于木制品和地板。再搭配亚光面料的地毯和木质家具。

覆盆子花色(5)色调很深,可做窗帘或其他装饰品的颜色。

如羽毛般轻盈的光线

色调的深浅在现代设计中非常重要,这不仅仅与颜色有关,而且可以提升人的精神。一间明亮通风的冰蓝色(1)房间可以改变你的情绪,帮助你减少压力,使你感到放松。

在光照不充足的室内空间使用浅色。

1

2

3

4

5

柔和的色调可以打造轻松安静的居住环境。喜欢蓝色的人很多,因为蓝色可以帮助人们舒缓情绪,据说它还可以缓解失眠症状,激发人们的清晰思维,所以人们喜欢把它用在书房或卧室中。

天花板和地板可刷成浅柠檬黄色(2)和珍珠色(3),明亮的颜色有放大空间的作用。

本配色中最深的两款蓝色(4,5)可以用在木制品、床上用品和其他软装饰品上。

普罗旺斯的薰衣草蓝

蓝色可能是国际上最通用的颜色。很多国家都有用蓝色装饰房间和建筑的传统。本配色中的主色——浅紫蓝色(1),灵感来源于法国的普罗旺斯,那里的传统住宅都有着石灰色的墙和蓝色的门窗。

灵感来源于法国的乡村住宅。

主色浅紫蓝色(1)可以用在地板和天花板上,因为如果用白色作为背景色,会太过刺眼。

墙壁刷成浅粉色(2)。为了达到亚光效果,试着找一种以水或石灰为底的天然油漆。如果想让房间看上去更有年代感,可以将颜料和油漆混合。

将法国蓝色(3)作为木质家具和门框的颜色。橱柜可以刷成较深的墨色(5)。

石青色(4)可用于面积较大的工作台面,也可将家具刷成该色。

独特的个人风格

适合个人风格的个性化配色方案。

酷蓝色(1)既适合传统的客厅、餐厅,也适合风格迥异的现代厨房和休息室。可以利用色调的深浅来创造空间的层次感。如果家具的颜色较深,就把它们放在颜色较浅的墙面前,效果很突出。

本配色中的绿色都带有黄色色调,给主色调的酷蓝色(1)增添了几分暖度和亮度。绿色和蓝色是一组非常相搭的传统组合。

浅鳄梨色(2,3)很适合用在厨房,在厨房门上使用色调较深的颜色,打造光影效果。

翠绿色(4)可用在地面瓷砖上,选择以树脂为底料的光泽面漆,可达到令人惊叹的珠光效果。

选用黑色(5)的日式风格餐盘和碗以及抛光花岗岩台面。

别致的乡间小屋

这组配色的灵感来自斯堪的纳维亚和加拿大风格的乡间小木屋,城市居民钟爱这些老式住宅。天然木材、传统手工雕刻家具和织物,这些都能让人们远离城市的喧嚣。

质朴的棕色和清新蓝色的浪漫结合。

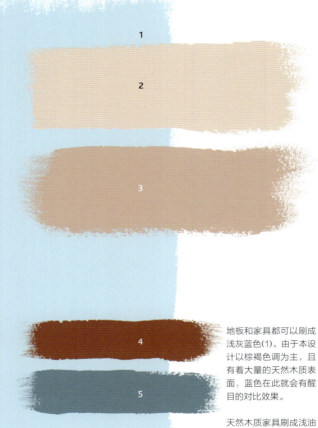

地板和家具都可以刷成浅灰蓝色(1)。由于本设计以棕褐色调为主,且有着大量的天然木质表面,蓝色在此就会有醒目的对比效果。

天然木质家具刷成浅油灰色(2,3)。

蓝色(5)可与白色搭配用于传统纺织品,如床单、桌布或毯子。

浅蓝色与浅粉色

传统观点认为,浅蓝色(1)适用于男孩的房间,浅粉色适合女孩的房间。现在人们的观念不再这么死板,你可以随意挑选喜欢的颜色装饰自己的房间。本配色展现的是一款平衡的蓝粉组合,色调深浅不一,不仅适用于儿童卧室,也适合成人卧室。

一组天真活泼的配色方案。

地板和木制品刷成浅鸽灰色(2),使用这样一款带灰色调的颜色是为了避免房间看起来太过苍白。靠垫和床单也选用灰色。

椅套和靠垫可以选择浅粉色(3)和鸽灰色(2)相间的条纹图案。

把莓红色(5)和什锦水果糖色(4)用于细节装饰,如挂一张吊床,或在天花板上装上不同形状的灯具与灯罩。

韦奇伍德和代尔夫特蓝瓷

本配色中的主色——瓷蓝色(1)，灵感来源于17世纪闻名的英国韦奇伍德陶瓷和荷兰代尔夫特陶瓷。两家陶瓷都以蓝白相间的花纹闻名于世。对蓝色和绿色的进一步运用使它们在17世纪受到室内设计大师们的追捧。

本配色方案灵感来源于17世纪的欧洲瓷器。

蓝釉最早起源于中国，逐步传播到欧洲，英国韦奇伍德陶瓷和荷兰代尔夫特陶瓷的花纹深深影响着后代设计师。若想打造复古感，你可以把一些陶瓷上的图案画到墙上，也可以到五金店里找些仿制代尔夫特的瓷片贴在厨房、浴室的墙上或壁炉上。

用较深的蓝色(3)勾勒细节。

选择两种截然不同的绿色(4，5)用在地板、地毯和其他装饰品上。

紫罗兰、三色堇和蓝莓

紫蓝色太过强烈,即便在自然界中有其存在,看上去也像是人工合成色,如一株亮丽的三色堇。这款受自然启发的配色非常适用于室内环境。蓝莓色(1)带有一丝红色调,使房间看上去更舒适温暖。

暖色调的紫色与柔和的蓝色相搭配。

一组不同色调的蓝紫色(1,3,4)互相映衬,可以用它们来凸显房间里的建筑结构细节。

天花板刷成白色(2),能够提升人的情绪。若想让椅子的扶手看起来风格传统,可以尝试用白色和蓝紫色的条纹来装饰扶手的下部。

粉红色(5)是紫色调的暖色对比色。添加一些粉红色能使房间整体色调变暖。如果没有粉红色的存在,整体配色在视觉上就会呈现层叠的模糊蓝色色调的组合。

帝王蓝

曾经,蓝色,如矢车菊蓝色(1),通常代表皇室或宗教人物。深蓝色是从一种名叫青金石的矿物中提取的,它甚至比黄金还要昂贵。由于稀有和贵重,蓝色成为财富和地位的象征。

本配色灵感来源于经典大师之作。

蓝色、奶油色和褐色的巧妙搭配,打造出经典奢华的风格,适用于如贵族般豪华的客厅或藏书室。

天花板刷成宝蓝色(2)。可以自由发挥想象,画一些小星星或装上几个小灯泡来设计自己的星座图。

挑选奶油色(3)的奢华皮革座椅和长毛绒地毯。

淡褐色和胡桃色(4,5)可用于壁炉、小桌子、相框和皮装书。

治愈人心的、神秘的蓝色

蓝色是大海和晴空的颜色,它能扩展人的精神世界,振奋精神。它代表着空间和自由,使人放松镇定。色彩能够影响人的心情,蓝色,如紫蓝色(1),能带你踏上精神之旅。

一组启迪心灵的蓝色调配色。

蓝色和绿色是自然界的颜色,相得益彰。房间内使用深浅不一的色调,可以创造出一个属于你的封闭氛围。深色有助于隔绝噪声。

浅绿色(2)适用于窗框,绿莹莹的窗子仿佛能把自然风光带入室内。

深森林绿色(3,4)可用于地板和窗帘。再选一些低矮的座椅和小地毯放在客厅里。

添置一些深蓝色(5)的丝绸靠垫、香炉和玻璃灯具。

休闲的牛仔蓝色

牛仔蓝色(1)不是只适合牛仔和学生的颜色,现在牛仔面料被视为一种优质面料,也被广泛用于室内设计。牛仔面料的耐磨特质使它在室内设计中很受欢迎。你可以选用最深色调的靛蓝色到最浅的砂洗蓝色(3)。

从衣橱中汲取灵感——牛仔面料代表着时尚。

牛仔蓝色(1)是较普通的颜色,要有自然光和突出的强调色来衬托它。

在厨房、浴室或是书房中,将深牛仔蓝色(2)作为沙发和座椅套的颜色。在餐厅中,可将它用作餐巾的颜色。

砂洗蓝色(3)可以用于木制品,这款稍浅的颜色可以平衡本配色中的其他颜色。

紫色色调(4,5)可以为房间添上一丝暖意。若想使风格变得更有趣,可以试着把旧T恤衫设计成靠垫和灯罩。

俏皮与淘气

鲜艳的风信子蓝色(1)配上红色,为房间增添了活泼的气氛。颜色并不一定要和谐相处,蓝色和红色的搭配在室内设计中往往十分出挑。本配色使用了深浅不同的颜色来打造一个充满趣味的室内空间。

能增加房间趣味的一组配色。

挑选有着大面积花纹图案的床单,你甚至可以把自己的照片印在上面。

铺上蓝莓色(3)的地毯,或使用其他地板材料,如油毡或橡胶砖。

墨色(2)可以用在木制品上,也可以用该色粉刷墙面,画一些漂亮的条纹图案。

糖果粉色(4)和唇膏红色(5)适合用于细节装饰,如门把手或画框。

蓝宝石和祖母绿

蔚蓝色(1)鲜艳夺目,用于光泽和金属表面颜色更佳。在餐厅或客厅中,墙上涂上一层该色的光漆或清漆,墙面就会显得光泽亮丽。光线的反射会使颜色更加饱满,所以可用此方法来改造旧家具。

着重于发光表面和细节装饰的设计。

试着用珠宝来装饰墙壁。从二手店里买一些胸针、手镯等珠宝,做成各种形状和图案,把它们挂在墙上。

黑玉色(2)可用于木制品或工作台面。如果你用砂纸精心打磨每一层油漆,饰面就能呈现珠宝般的光泽。

翠绿色和绿玉色(4,5)可用于玻璃灯罩。将翠绿色和带金属光泽的釉彩混合,涂在镜框和壁炉周围。

乡村农舍

浓郁的深蓝色与褪色的石头红色十分相搭,在欧洲已沿用百年。本配色将海军蓝色(1)作为主色,适合用于厨房或空间延伸至院子的房间。

一组乡村风格的配色方案。

深蓝色(2)比海军蓝色(1)更深一些,适合用在木质家具上。

找一些蓝色的陶瓷花盆和深褐色(3)的盒子,在里面种上同样深色的植物。

在植物周围铺一些树皮片,防止杂草生长过快,同时也能作为一种装饰颜色。

室内也沿用室外的主题,地面铺上红色(5)的石板并将家具刷成赤褐色(4)。

地中海岛屿

有时,在旅行途中看到的颜色可以激发我们的灵感。在阳光明媚的沿海村庄,地中海蓝色(1)和温暖的桃色搭配,效果很棒。但若要将这组搭配用在室内,效果可能没有那么好,在确定色调之前,可先在墙上试一下。

灵感来源于粉刷后的房子和炎热的夏日夜空。

很久以来,西班牙南部、希腊、意大利和法国的房屋都被漆成石灰白色,用来反射太阳的热量。我们选用奶油色(2),能为房间增添一丝暖意。

朦胧的天空色(3)可用于地板和窗框,也可用在镜框、画框和橱柜上。

桃色和日落橙色(4,5)热烈又温暖,可以搭配用在条形或格子图案的布艺织品上。挑一些手绘陶瓷碗,并装满热带水果,房间会充满异域风情。

开放式空间

在厨房中,选择浅色的工作台面来反射光线,深墨蓝色(1)在一组浅色中会十分突出。深蓝色调并不会让房间看上去狭窄,反而可以扩宽视觉空间,使房间看上去更明亮宽敞。

一组简单的蓝色与白色搭配,清新又自然。

地板和木质百叶窗都刷成浅黄色(2)。在门框和椅子上绘制一些具有民间艺术风格的图案。保持木制品和家具表面的光洁。

若想使风格更传统些,可以选择浅灰色(3)的格子布或圆点布,配上空军蓝色(5)的座套、窗帘和餐巾。

注意细节装饰,选用老式的餐具,挑选白色或浅灰色的陶瓷器皿。

紫色

- 黑莓色 ········· 188
- 深葡萄紫色 ········· 189
- 皇家紫色 ········· 190
- 鸢尾花色 ········· 191
- 乌云色 ········· 192
- 紫水晶色 ········· 193
- 浅紫罗兰色 ········· 194
- 浅紫红色 ········· 195
- 紫灰色 ········· 196
- 霜紫色 ········· 197
- 浅紫丁香色 ········· 198
- 浅藕紫色 ········· 199
- 土灰紫红色 ········· 200
- 石楠色 ········· 201
- 黑樱桃慕斯色 ········· 202
- 浅紫藤色 ········· 203
- 仙客来色 ········· 204
- 维多利亚淡紫色 ········· 205
- 雪青紫色 ········· 206
- 青莲紫色 ········· 207
- 雾紫色 ········· 208
- 梅子色 ········· 209
- 黑醋栗色 ········· 210
- 深茄子色 ········· 211

黑莓色、蔓越莓色和紫罗兰色

黑莓色(1)颜色黯淡,有些沉闷,需要与其他亮色搭配使用,才不至于使房间看上去太过压抑呆板。本配色适用于客厅或餐厅,能使人放松。灰色调可以突出房间的布局装饰,如一个大壁炉、檐板或百叶窗。

黑莓色配上蔓越莓色和紫罗兰色,生机勃勃。

家具刷成乌云般的灰色(2)和紫灰色(3),这是20世纪30年代非常流行的颜色。配上细长的矮椅和深蔓越莓色(4)的躺椅。

天鹅绒和绸缎的材料能使蔓越莓色和牡丹色(5)看起来更华丽。选用高质量的浅灰色地毯和落地窗帘。铺上一块由蔓越莓色染成的羊皮地毯,看上去更有现代感。

房间里放些鲜花,减轻灰色的黯淡感。布艺织品图案可选用漂亮的牡丹和粉色百合,能与背景色互相衬托。

有魔力的夸张紫色

深葡萄紫色(1)是现代油画中最能代表华丽、颓废风格的颜色,它色彩艳丽,容易让人联想到古老的鸦片烟馆、奢华的宫殿和装饰精美的舞台布景。

不同色调的紫色搭配方案,打造华丽房间。

紫色并不是一款百搭色,但是当它配上藕荷色(2)和巧克力色,就会立刻变得吸人眼球。

淡紫色(3)可用于木制品,如卧室的衣橱或抽屉柜。

雾紫色(4)是本配色中最亮的颜色,适合用于摆放在床上的缎面软垫。玻璃抽屉拉手、鸡尾酒酒杯或烛台等其他装饰品也可使用该色。

最后配上无花果色(5)的缎面床罩。

番红花色、淡紫色和苔藓绿

皇家紫色(1)需要搭配浅色来体现其魅力,如浅番红花色(3)和浅鸢尾花色(2)。你可以根据所需的色调深浅来调节颜色搭配的比例。如果你觉得深色太过压抑或空间过小,可将一面或两面墙刷成浅番红花色。

一组丰富的自然花卉颜色。

为了不让紫色显得过于浓重,地板可选择刷成苔藓绿色(4)。

软装饰品的颜色取决于你的背景色,你可以根据墙面的深浅来搭配颜色。在浅番红花色(3)墙前,选用树皮棕色(5)的装饰品,在深紫色墙面前,选用浅番红花色的装饰品。

浅鸢尾花色(2)可以用作配件的颜色,如灯罩、坐垫、窗帘或壁炉周围的瓷砖。

清新的花园

绿色通常被视为一种中性色，它几乎可以与所有的主色调互补。这里的紫色，如鸢尾花色(1)就与绿色十分相搭。本配色灵感来源于花园，可以打造一间明亮又漂亮的浴室或卧室。

紫色和绿色通常十分相配。

两款水绿色(2，3)在鸢尾花色(1)的衬托下，显得明亮又清新。将其用在抛光的木制品和浴室用具上。同时，为了使浴室显得更加明亮，可以多安装一些镜子，甚至可以用镜面玻璃装饰浴缸上方的墙面。

选用土灰紫红色(5)的亚光地板。

将水波蓝色(4)用于浴室的玻璃器皿或烛台，可使沐浴更放松。搭配薰衣草精油和雪松精油，模拟花园的清新感。

破晓时分的乌云紫

在色轮上,黄色和紫色是两款对比色。在本方案中,运用这两款颜色的冷暖对比来打造一个现代感十足的室内装潢空间。本配色中的主色——乌云色(1)的灵感来源于一道阳光划破乌云密布的天空的场景。

令人愉快又温暖的中性色调。

主背景色配上类似稻草色、日落的黄色色调,起到了勾勒线条的作用。可选用浅稻草色(4)的亚麻面料做软装饰品的颜色。

砂石色(2)非常适用于地面材料:天然石材、地毯和其他天然编织物,如海草或剑麻。

将米色(3)用在窗帘和椅套上。

在沙发上放几个日落橙色(5)的靠垫,壁炉架上放一只插有玫瑰的圆形花瓶。

华丽夸张的紫

宝石一般的色调。

在第一次世界大战之后的20世纪20年代,紫色成为自由的象征。经过战争的悲痛和创伤,穿紫色服饰并用紫水晶色(1)装饰家居成为高档的流行风尚。这种颜色成为当时时髦女郎的代名词。

无论在哪个房间里,这款丰富又生动的配色都显得很戏剧化。将墙壁刷成紫水晶色(1),配上华丽的灯光来表现其色泽的亮丽。本配色适合打造一间充满诱惑的浴室或餐厅,主人和客人都会沉浸在戏剧化的氛围中。

深午夜紫色(2)可以用在浴室或餐厅的高光表面设施上。

鲜亮的绿松石色(4,5)适合用在玻璃器皿上,再利用蜡烛或昏暗的灯光照明,使它们熠熠生辉。

飘香的薰衣草

浅紫罗兰色(1)搭配其他深色的花卉色,容易让人联想到浪漫炎热的夏日夜晚。房间最好朝向花园,如果没有这样的房间,可在窗台上种一些微型月季和薰衣草。

如同花园里的鲜花一般芳香宜人。

想象着夏夜,伴着从花园里飘来的阵阵清香入睡。用本配色来演绎这一惬意的氛围,让它陪你度过漫漫冬日。

如此漂亮的配色能在冬季清冷的早晨里振奋人心。用淡草绿色(2)淡淡地点缀在窗前,或用在玻璃吊灯上。

古董绿色(3)适合用于木制品、顶冠装饰和内置碗柜。多挂一些镜子来最大程度地利用光线。

挑选有着玫瑰粉色(4)和深紫红色(5)绣花的白色床单。

时髦、高档与经典

本配色可以打造一间豪华讲究的客厅或餐厅。浅紫红色(1)非常适合用作就餐区域的背景色,它会随着灯光的变化而变换色调。充足的灯光可以使夜晚的餐厅明亮又活泼。

紫色非常适用于正式场合。

仔细挑选面料和材质。浅色木材,如松树和白杨,在合适的背景衬托下有着很棒的效果,用天然真皮和仿麂皮的色调(2、3)做餐巾和餐具垫的颜色。

银色通常和紫色很搭,配上一些银色的餐巾环和相框吧。

挑选皇家紫色(4)的丝绒面料,用作窗帘和餐椅坐垫。选择带图案的织物来加强色彩的深度。

冷色调的男性化生活空间

本组配色中别致的紫灰色(1)可以使空间重新焕发生机。利用如柱、梁等建筑结构和房间四周强烈的鲜艳色彩,打造一间现代、精致的起居室。

一组适用于现代开放式单身公寓的配色方案。

紫灰色(1)和乌云灰色(4)可以用来粉刷房间里的水泥表面。打磨过的水泥是现代家居装饰的流行材料。

剩下的墙面刷成浅湖绿色(2),可以镇定心神。

此处还可用孔雀蓝色(3)和鲜明的橙色(5)来点缀,吸人眼球。孔雀蓝色也适用于厨房的橱柜和操作台。

石墨、玻璃和霓虹

半透明的霜紫色(1)是一款漂亮的中性色,柔和又不突兀。在开放式的居室空间里,可以将其搭配其他颜色和图案。

本配色方案适用于宽敞的开放式或复式居室。

天花板刷成浅天空蓝色(2),降低房间的视觉高度。若想要增加趣味性,可以在上面画一些云彩。

中蓝色(3)适用在门上,可选用玻璃门让光线透进室内。

深蓝绿色(4)可用来衬托浅色的装饰品,可将墙面的一个角刷成该色,前面放上黄绿色(5)的装饰品。若想让房间显得更具有艺术性,在木架上放一些霓虹黄色的玻璃制品并为其打光,就像在美术馆里一样。

闪烁的虹彩

使用类似浅紫丁香色(1)等浅色时要十分小心,即使是浅色,大面积使用也会显得过度,所以最好先在墙上小面积试涂并搭配灯光观察效果。在白天,阳光照在水晶和镜面上,房间熠熠生辉。

一组精致的配色方案,打造梦幻般的房间。

浅紫丁香色(1)搭配有珠光效果的浅色涂料,使墙面更显光泽。

保持饰面朴实无华,这样房间就不会显得太过俗气。甜美的紫棉花糖色(2)可以用于窗台和踢脚板。

选用黄色棉花糖色(3)的地毯或彩绘地砖。

樱草色(5)适用于软装饰品,如柔软的绒面革或蓬松的羊绒混纺物。

巴勒斯坦薄荷色(4)适合用于缎面材质,推荐搭配水晶饰品。

甜蜜的乐趣

从你最爱吃的甜点中汲取灵感,这组配色方案令人垂涎欲滴。涂料和饰面都应该像奶油般细腻,如黄油般柔软的皮革、彩色玻璃桌面和架子,一切都像糖果一样漂亮。精致甜美的浅藕紫色(1)非常适合打造一间美丽的卧室。

桃子和奶油,甜美的紫罗兰和香草慕斯的搭配。

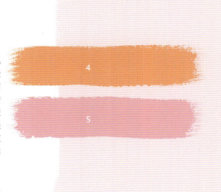

香草慕斯色(2)和蜂蜜色(3)细腻宜人,可用在天花板或地板上,也可与主色混合做成漂亮的传统花纹,用于墙纸或织物。现在许多商店都提供复古设计,你可以在传统或现代的各种式样中挑选一款个性图案。

桃色(4)和草莓慕斯色(5)很适合用在细节装饰上。

考究的设计

这款设计既现代又精致,很讲究细节搭配。土灰紫红色(1)十分百搭,是一款易于塑造的中性色。

男性风和女性风的现代融合。

深兔毛灰色(3)是本配色中的另一款主色,可将其用在木制品、仿麂皮座椅和沙发上。它可以很好地衬托另一款主色。

瓷蓝色(2)可以用于餐具,如碗碟,材质使用高光釉彩。

麝香玫瑰色(4)是一款非常棒的深色,推荐选用该色的地毯和厚窗帘。

用品红色(5)来点缀细节,比如壁炉架上的玻璃花瓶或灰色沙发上的小羊绒靠垫,为房间增添几分魅力。

石楠色、紫水晶色和石青色

石楠色(1)能使人镇静、放松。很久以来,紫色被视作一种有魔力的颜色,它既能激发人的情绪,又可起镇定作用。因此它很适合用在家居设计中,以调节人的情绪。

一组有助于睡眠的颜色组合。

将深石楠色(3)用于木制品。

水晶蓝色(2)十分有活力,如将地板刷成该色,房间就会显得生机勃勃。

选择深紫水晶色和石青色(4,5)用作家具的颜色,如椅子、床头柜或衣橱。

房间的颜色应随季节的变化而变化。夏季使用水晶蓝色的棉质床单和绣花枕套;冬季可在床上铺几层豪华的棉被并在地板上铺放染色羊皮地毯。

华丽与享乐

灰蒙蒙的淡紫色和许多中性色都很搭。黑樱桃慕斯色(1)与之搭配，能在白天增加房间的暖意和生机，夜晚又蕴含一抹感性的魅力。巧妙地利用色彩和质地提升中性色的美。

用色彩和质地打造的美妙天堂。

木制品刷灰色(2)，很多人也习惯用它来刷椅子的横档。用浓郁的茄子色(5)来装饰壁炉。

香槟色(3)可用于地板或厚绒窗帘。

茄子色会增加房间的戏剧性，可将它用在一些花纹织物上，如靠垫、深色画框或图画搁架。

浅桃色(4)很漂亮，在墙上安装该色的玻璃壁灯，效果会很不错。还可以在壁炉上方挂一面粉色的镜子。

优雅、漫射的柔美

这些颜色可能看上去很普通,但它们融合起来非常漂亮。温暖的浅紫藤色(1)在五种颜色中最亮丽,如果能适当地运用中性色和绿色减弱它的存在感会更耐看。

中性色使人愉悦。

中性色和浅紫藤色(1)很搭,因为它们可以增添房间的暖意。将石色(2)用于木制品和羊毛或仿麂皮质的沙发。

挑选由稻草色(3)的天然海草编织成的席子。

选择更浅的绿色中性色(4,5)用作软垫、窗帘的颜色。窗帘可选用厚重的天鹅绒面料或蝉翼纱面料。

餐桌中央放上一个大瓷碗,盛满各式食物,如无花果、肉桂糖或薰衣草味的蛋糕。

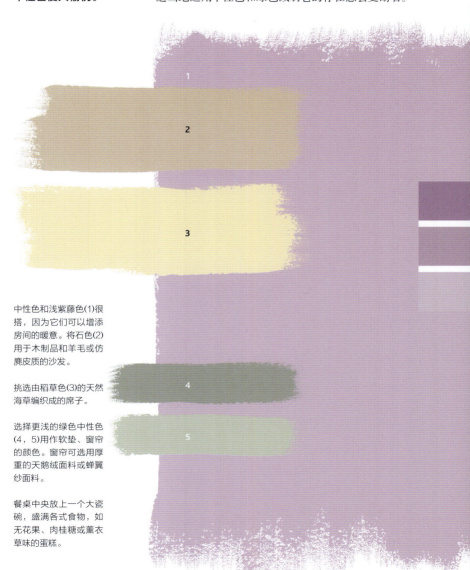

仙客来色和鲜艳的粉彩

鲜艳的仙客来色(1)需要与其他浅色搭配来减弱其色彩的强度,本配色适用于自然光不充足的房间或没有窗户的地方,如楼梯和走廊。用不同的颜色来涂刷表面,体现房间原有的建筑结构。

一组漂亮的配色,能使房间看上去更明亮。

如果感觉主色调太强,可交替使用粉紫色(3)和尘粉状石楠色(2)来粉刷墙壁。这两款颜色也非常适用于楼梯间的天花板,可以反射光线,增加亮度。

清新的薄荷色(4,5)适合用于木制品,包括门框和楼梯扶手。

这款设计的亮点是用亮色来装点门厅,并配合特色照明,可以装饰一盏绿色玻璃吊灯来吸人眼球。

维多利亚时代的装饰图案

维多利亚淡紫色(1)十分华丽,很适合用作墙纸和布艺织品的颜色,在现代设计中十分流行。许多涂料公司会生产一系列现代和传统风格的墙纸。房间中的图案不能压倒其他元素,所以只需在一面墙上铺贴墙纸即可。

现代墙纸的图案和印花。

紫罗兰色和浅绿色(3)十分相搭,尤其在维多利亚时期很流行。用巧克力色(2)勾勒家具的轮廓,此外还可以拿着该色在现场做比对,看看它可不可以衬托其他颜色。推荐选择带对比颜色的竖条纹墙纸。

两款绿色(3,4)适用于床上用品。

选用较深的紫色(5)做软装饰品的颜色,如果觉得房间紫调过浓,也可将它与巧克力色混合使用。

殖民地时期的墨西哥风格

受墨西哥画家弗里达·卡罗的启发,雪青紫色(1)常用于殖民地时期墨西哥典型的波西米亚式建筑的装修设计中。鲜艳的靛蓝色与土红色(2)搭配,在墨西哥很常见。卡罗自己家中的装修风格也是如此,用色大胆夸张。

柔和的紫灰色搭配浓郁的靛蓝色和砖红色,效果很棒。

地板刷成土红色(2)。试试传统的夯土地板,用夯实的泥土铺成后,再封一层煮熟的亚麻籽油,这样做可以使颜色更鲜艳、更有光泽。

用浅蓝色(3)和深蓝绿色(4)在橱柜门上绘制几何图案。去二手商店淘几幅巧妙运用颜色的旧画挂在墙上。

深靛蓝色(5)用在门和木制品上,可以将室内和室外连接起来,仿佛置身热带,这样的风格很常见。

20世纪30年代远洋班轮的魅力

色彩与华丽饰面的结合是本设计的特点。用柔和的灰色、闪闪发光的天鹅绒和厚厚的地毯打造颓废风格。青莲紫色(1)与冷色调的中性色搭配,使色彩设计更和谐。

优雅的色彩与冷酷线条的搭配。

把银色(2)和白金色(3)用在高光表面,像是门框、窗框和壁炉。尽量突出一些设计细节,如门把手、窗帘杆和壁炉上方的抛光镜面玻璃。可在低矮的圆桌上放上镜面玻璃,并配上鸡尾酒酒杯和粉色香槟酒。

将白金色(3)和粉冰色(4)用于软装饰品。

浅海雾色(5)用作地板的颜色,式样可选用浅色的实木拼花地板。

海风吹拂的凉爽

漫步海岸,享受着海风拂面的惬意,没有比这更令人清爽振奋的场景了。风暴来临时,天空、大海和地平线融为一片雾紫色(1),景观壮丽。

本配色方案灵感来自饱经风霜的海滨美景。

像这样引人注目的颜色也适用于室内设计中。将雾紫色(1)作为主色,就像海面上空的乌云一般。先在墙上试样,看看其他颜色在其衬托下效果如何。

沙色和砾石色(2,3)适用于木制品。用天然鹅卵石铺就浴室地板,可以按摩脚底。

大型家具漆成冰蓝色(4)和暗灰色(5),在雾紫色的衬托下,看起来效果很棒。软装饰品可选用羊毛面料,柔软又洁白。

成熟多汁的梅子色

浓郁的浆果色调，打造奢华氛围。

梅子色(1)色彩艳丽，保守的人不适合这种充满激情的颜色。它适合打造一间舒适的客厅或性感的卧室，和华丽的饰面十分相配，如绸缎床单或厚绒地毯。柔和的灯光可以使其色彩更鲜艳。

选择柔和的奶昔粉色(2，3)用于木制品和家具，如抽屉橱、衣橱或床头柜。多挂些镜子来最大限度地利用光线。

黑莓色(4)和蓝莓色(5)能够平衡风格太过甜美的环境，使空间更有层次感。不必担心它们过深的颜色会破坏整个设计。将这两款颜色用于软装饰品，如给扶手椅盖上浆果色的天鹅绒布料。这些令人垂涎欲滴的色调也可以衬托梅子色的墙壁，不会让人感到压抑。

装饰艺术概述

回忆20世纪30年代的装饰艺术时期风格：几何图形、简单的线条配上简洁的色彩搭配，打造出引人注目的效果。清新的粉色和银绿色配上黑醋栗色(1)，互相映衬，吸人眼球。

黑色与粉色的颜色组合。

浅粉色(3)用在壁龛上可以反射光线，增加房间的亮度。用黑色(2)来勾勒木制品、楼梯扶手和顶冠饰条的形状。地板也可刷成亮黑色，以此加强光线的反射，打造更加颓废的房间风格。

在黑色的釉瓷花瓶里插上几支深粉色(4)的鸵鸟羽毛。

银灰色(5)可用作家具的颜色。建议把橱柜门和家具把手也都漆成黑色。

波西米亚深紫色

这款设计将性感诱人的深色和活力现代的亮色搭配在一起,十分漂亮。深茄子色(1)是一款在现代酒吧和餐厅设计中十分流行的颜色,它能营造强烈的颓废感和舒适感。

独特、浓郁的颜色组合。

墙壁刷成深茄子色(1),氛围浓郁又性感。使用清漆或高光漆,颜色更显艳丽。

巧克力色(3)用于深色的家具。挑选源于远东地区的木材,做一扇复杂又精美的雕花木门,也可做成带玻璃台面的茶桌。

挑选浅紫色(2)、橘黄色(4)和橘红色(5)手绘盘子和彩色玻璃器皿。

把所有的颜色混合用于波斯地毯或挂毯。

中性色

树皮棕色·······················214

水貂色·························215

麻绳色·························216

牡蛎色·························217

沙色···························218

稻草色·························219

奶白色·························220

乳酪色·························221

象牙色·························222

拿铁咖啡色·····················223

莎草纸色·······················224

黏土色·························225

淡褐色·························226

石色···························227

燕麦色·························228

橄榄色·························229

尘土色·························230

深卡其色·······················231

永恒的品质

带有灰色色调的深中性色十分温暖。树皮棕色(1)搭配柔和的粉色、老式的红色和柔和的沙色(5)，使人很舒服。本设计是由传统的背景色和现代的强调色搭配而成。

一组带有新意的传统配色。

挑选你觉得舒适的软装饰品。深浅不一的颜色组合会使房间的氛围每时每刻都令人感到很舒适。

在地板上铺放柔和的粉色(2，3)地毯，较深的粉色用作厚绒窗帘的颜色。

红色(4)可以用于小件家具，如脚凳或组合茶几。

沙色(5)带有浓郁的黄色色调，适合用于壁炉周围的瓷砖。

思考的空间

柔和的水貂色(1)给人以安全感,能够让人远离城市的喧嚣。打造一间温暖的房间,你可以在此安静地阅读和思考。在家中营造一个安静的私人空间供自己放松,十分重要。

柔和又充满活力的色彩,适合打造安静的阅读区域。

挑选一把设计师设计的椅子,配上20世纪50年代风格图案的布料作为椅面,让它成为视觉中的焦点。房间里的颜色可能略显平淡,但并不影响你对房间的细节设计。记住,这是属于你自己的私人空间,所以你可以自由地进行设计。

为了符合整体宁静的气氛,挑选简洁风格的大型家具。地板和天花板刷成暖白色(2)。不要对窗户进行过多装饰,应最大限度地吸收光线。

橙红色(4,5)可用于一盏有趣的复古台灯或一条舒适的格子毯。

玫瑰色的浪漫

天然麻绳色(1)是一款百搭的中性色,几乎可以创建任何以这种色调为主色的设计。这款颜色让人想起工业社会形成前,人们简单的生活方式。细心挑选饰面和天然织物来完成这款设计。

一款温柔感性的自然色调。

在浴室里,浴缸和水槽使用天然的沙质石材。地板材质可选用同样的石材,或者也可选择深色木地板。

暗玫瑰粉色(3)和深红色(4)可以从天然染料中获取。将这两款颜色用于细节点缀,如餐具或花瓶。

选择未漂白的天然亚麻和有机棉做毛巾和窗帘的面料。不需要在房间里使用任何塑料或人工材料,所有的化妆品和油膏都是用天然或有机物制成的,可贮存在玻璃瓶子里。

牡蛎壳

夸张的天然色调。

浓郁的牡蛎色(1)柔和又自然,适用于浴室或卧室。也可将该色与其他高光颜料搭配使用刷在墙上,房间在白天会显得十分明亮,晚上也会在烛光中显得闪闪发光。

这款配色中的强调色是带有珠光效果的颜色,清爽又漂亮。可以将这些颜色制成花纹图案。

柔和的灰蓝色(3)适用于卧室中的木制品,如床头柜。

精致的薄荷色(2)可用于玻璃器皿和照明装置。在浴室中,玻璃淋浴间也可使用该色。

挑选石楠色(4)和粉色(5)的床上用品,可选择精致的串珠或刺绣花纹。

丛林迷彩

把孩子们的游乐园搬回家中。将沙色(1)作为主色,用绳子和伪装网具分隔房间的区域,在地板上铺设橡胶砖作为保护。在墙上安装攀岩环供孩子们玩耍,再在房间里放置一张吊床。

能为孩子们打造一个有趣的室内游戏区域。

想想那些野外训练营地的布置,试着创造一个能带给孩子们快乐的室内游戏区。

墙壁刷成土色(2),下半部分的墙面用深一些的颜色,上半部分用稍浅颜色。

卡其色(3)用于地板,可以选用橡胶地板或防磨损的油毡地板。

深棕色(4,5)用于装点有趣的细节。用涂鸦风格在墙上画上孩子们的名字。辟一块绘画区域供孩子们做手指彩绘。

若可以再大胆一些,可以在地板中间堆放一箱沙子供孩子们玩。

稻草色、小麦色和玉米色

本配色灵感来源于农村中的天然色彩，稻草色(1)能给现代公寓带来一丝纯真和乡村气息。午后被阳光炙烤的乡间小路能引发人们许多美好的想象。

成熟的田野上到处都是黄色色调的中性色。

本配色适合用在底楼房间或开放式空间。柔软的奶油色墙面既适合客厅，也适合餐厅和厨房。

土红色(2)用于地板，如果想让触感更温暖舒适，可以铺上一块赭色(3)的小地毯。

橱柜门和软装饰品可以选用绿色(4)。

选用漂亮的桃色(5)水彩画和瓷器。

保守谨慎，考虑周全

在室内设计中，做减法比做加法更需要智慧和勇气。搭配奶白色(1)做极简设计，效果出人意料。如果你想要寻求简约生活，可以试试这款干净优雅的配色。

最平淡的配色往往最吸人眼球。

1

2

3

4

5

按照你的喜好随意搭配这些和谐的淡色。用较深的麻布色(5)突出设计重点，增强空间的层次感，用于打磨的木地板。

最好选择用一些自然材质，如用石灰石铺地效果最佳。

在木架上放置奶油色的陶瓷盘子。从包装袋里取出食品放入统一的玻璃瓶或密封袋中。

乳酪色与橄榄绿色

乳酪色(1)是一款带暖色调的中性色,非常柔和。推荐选用天然亚麻和机织面料来搭配它。你可以用纺织品来装饰部分墙面,不过还是用木板效果最好。

温和的中性色搭配橄榄绿色,打造优雅餐厅。

绿色属于中性色,石色(2)和素绿色(3)也可做背景色,用在地板和其他木制品上。你可以保持简约风格,也可以选择带旋涡纹的古典配饰来装饰储物盒、靠垫或椅套。

橄榄绿色(4)和黄绿色(5)可用于玻璃器皿、印花的老式胶木杯子和茶托。

带有异国情调的热带棕榈屋

在阳光明媚的客厅或厨房里,以象牙色(1)作为主色,搭配异国情调的植物,如棕榈树、兰花和蕨类植物,整个房间就像一个室内花园一样。参考一些热带居民的棕榈屋——华丽的窗户、法式门和大型花卉盆栽。

本配色灵感来源于20世纪20年代的棕榈屋。

选用砾石色(2)的瓷砖地板,加上地热装置,保持现代感和舒适感。

绿色可以镇定人心,浅蕨绿色(3)适合用作木制品和花盆的颜色。

将绿叶色(4)、兰花紫色(5)和白色混合,制成具有异国情调的印花坐垫、窗帘或遮光帘。

可选用柳条家具和玻璃桌面。

拿铁、意式浓缩咖啡和卡布奇诺

用拿铁咖啡色(1)的棕色调搭配中性色,灵感来源于装饰精美的咖啡馆。简约色调结合得很完美,适用于厨房、客厅或餐厅。

奶油色与咖啡色的搭配。

简单又经典的组合,打造时尚氛围。

牛奶咖啡色(2)略深于主色,可用于木制品。

咖啡豆色(4)的色调更深,适合用在横梁或壁龛上。墙上挂一些黑白图像,可以平衡色彩。

在棕色(3)的皮沙发上放几个奶油色(5)的羊毛绒靠垫。

过滤后的金色阳光

不同色调的金黄色配上莎草纸色(1)可以模拟自然光射进房间后的效果。通常适用于客房,也可用于其他房间,如厨房、浴室或主卧。这款配色很受欢迎。

一款温暖的配色方案,给家带来快乐和阳光。

选用柠檬慕斯色(2)的床上用品。其他软装饰品可选用柠檬慕斯色和柠檬乳酪色(3)相间的条纹图案。

用金色(4)在门和窗户周围绘制细节。可以去装饰公司买一些窗饰、门饰和墙上的雕花。

鸡蛋色(5)用来漆涂木制家具,如一把老式的学校椅子或带抽屉的简单桌子。

可以在客厅的桌上放一盆雏菊。

非洲印象

本配色灵感来源于传统的非洲民用住宅——黏土色(1)建筑、土坯房屋和天然染色的织物。把在其他国家寻觅到的珍爱物件作为装饰,来凸显整个房间的个性。

适合现代家居设计的一款配色方案。

用水浆涂料和石灰水漆墙,干净又朴素。现在世界上有大约三分之一的房屋建筑使用土坯或黏土。这种原始又美丽的建筑开始受到现代设计师们的青睐。

用非洲木材来做家具,在大城市里可以找家具进口商买,也可在网上订货,但是要小心假冒伪劣的仿制品。

可以将鲜艳的波斯红色(5)和土坯色(4)混合用作传统机织物的颜色。

大胆的撞色风

像饼干一样的淡褐色(1)配上鲜艳的绿松石色,这款配色在20世纪60年代很流行。你可以找些带有旋涡形图案的酒杯、茶杯和储藏罐,小心巧妙地搭配这些色块。

柔和的米色点缀着宝石般的色调。

这款配色非常适用于开放式空间。柔和的中性色(1,2,3)可以用来区分不同的空间布局:从厨房、餐厅、起居室到卧室。可用另两款深色(4,5)做强调色来突出装饰细节。

柳绿色(3)可以用作地板色。

用较深一点的颜色,如仙人掌色(4)和蓝绿色(5)来做一次性家具和窗帘的颜色,可以与较浅的颜色形成鲜明对比。

石头、玫瑰石英和紫水晶

石色(1)听上去像一款冷门色,但在家居装潢中有许多不同类型的石材可供选择。选择带黄色或红色色调的石头,如石灰石,可以给人一种温暖的感觉。这种天然材料可以用于浴室或厨房的地板、操作台面和瓷砖。

一组自然矿物色调的颜色组合。

浅石色很百搭,可以搭配玫瑰石英色(3)和紫水晶色(4,5),来增加其色彩的强度。

剩下的墙面刷成玫瑰石英色。

用紫水晶色的毛巾、肥皂和椅子套。

浴室里的配饰选用玫瑰石英色和紫水晶色,在石色(1)的衬托下会显得非常漂亮。加上灯光或烛光的照映,效果会更棒。

薰衣草花园

这款配色适用于朝向花园的房间，它可以模糊室内、室外的界限，让房间看起来像是花园的延伸。室内放满植物花卉，并用燕麦色(1)作为主色，干净又简洁。

花卉颜色配上中性色，来装点一个能通向室外的房间。

用天然石材铺地，在房间的边缘开一条引水渠来灌溉植物。

墙壁刷成燕麦色(1)，也可与淡紫色(3)和白色混合刷成条纹图案。将这些颜色混合用于格子布或圆点图案的椅套也很合适。

花盆的颜色选用两款紫色(4，5)。如果你想要更工业化的感觉，可以挑选镀锌钢的材质。

舒适的商务环境

现在有越来越多的人选择在家办公,所以最好有一间房间可以满足办公、开会和见客户的需求。家庭办公环境不必像真实的办公环境那样正式,但也要营造出专业的氛围。橄榄色(1)最适合打造休闲商务的环境。

使用中性色调来打造一个别致的工作区域。

就像一位资深裁缝做的那样:只使用最优质的材料,确保所做的每件衣服都合身。可以设计一些能够节省空间的储藏箱和时髦的功能性家具,帮助你快速将办公室转换成一个时尚的用餐区。

浅绿色(2)和灰黑色(3)适用于地板和玻璃工作台,可以镇定人心。

可以选择细条纹面料或深灰色(4)的花呢面料作为椅套。

深藏青色(5)可用于轻轻一碰就能打开的无缝柜门。

印度式的异国情调装饰

据说泰姬陵曾是用珠宝砌筑的，大量的宝石、翠玉镶嵌在墙面上，在阳光下珠光四射，富丽堂皇。将尘土色(1)作为主色，配上大量华丽的装饰品，模仿精致的印度宫殿。

本配色方案灵感来源于装饰华丽的印度宫殿。

最深的翠绿色(5)用于木制品和镜框。

用镶有珍珠的纱丽面料做窗帘和靠垫。房间的细节装饰都要很华丽。

可选择褪色的红宝石色(3, 4)用于软装饰品。用传统的佩斯利花纹。

天花板上挂一些彩色的玻璃灯笼，也可在房间周围画上漂亮的图案。

深卡其色、钴蓝色和黑色

用深卡其色(1)配上其他鲜艳的颜色,可以避免房间过于沉闷。紫蓝色(3)和钴蓝色(4)是两款很亮丽的颜色,在任何地方都会发光发亮。几何图案既适合用在餐桌周围,也可用于桌上的摆设。

深浅不一的中性色配色方案。

这款具有现代感的配色用在餐厅效果极佳。黑色(2)用于木制品,包括门和顶冠饰条。如今,黑色的木质家具又开始流行于室内设计。

最浅的蓝色(5)用于玻璃架子,将钴蓝色(4)的玻璃器皿放在架子上,从下往上打光,彩色的光晕就会映照在墙上。

灰色

花岗岩色	234
水泥灰色	235
砾石色	236
苔藓绿色	237
银灰色	238
铅白色	239
灰色	240
香草色	241
大理石色	242
银狐色	243
薄暮灰色	244
开司米色	245
兔毛色	246
鸽灰色	247
矿石灰色	248
石板灰色	249
钢色	250
炭灰色	251

清冷与现代

花岗岩色(1)色调很深,可以增添房间的暖意。与其他浅灰色和蓝色搭配,适合打造一个时尚、现代的空间,如一个样式新颖的厨房。选用不锈钢材质,并在水龙头、电灯开关和门把手等细节上多花点心思。

一组很棒的现代配色方案,打造时尚厨房。

冰蓝色(2)和铝色(3)适用于现代厨房的装饰,如冰蓝色的玻璃操作台面。注意厨房的照明设计,推荐使用定向的照明,可以在操作台上方安装聚光灯。

选用树脂地砖。树脂的高光表面会使房间看上去明亮又现代。

窗帘、椅套和餐具选用石板蓝(4)和深海蓝色(5),这些漂亮的颜色可以提亮房间。

明媚的阳光

水泥灰色(1)和黄色十分相配。利用色调的深浅和冷暖的不同,来呈现光影的变换。在设计厨房时,仔细确认早晨日出的方位,这样就能确保你在阳光充足的区域用餐。

一组柔和的灰色中点缀着一抹灿烂的黄色。

黄色在厨房里很常用,设计师常用它来搭配灰色,效果很棒。

浅灰色(2)适合用在橱柜门、铬金的拉手和厨房用具上。

餐具可用浓郁的奶油色(3)和柠檬黄色(4)。柠檬黄色也可以用于操作台,很吸人眼球。

阳光黄色(5)鲜艳夺目,可以用于后门门板和椅套,也可以根据喜好搭配灰色使用。

温暖与和谐

中性色可以重叠使用。天然的沙石色调的中性色看上去很舒适、温和,适用于任何空间。在本配色中,砾石色(1)衬托了带暖色调的中性色,配上鲜明的绿松石色(5),给人一种现代感。

明亮的绿松石色为中性色增色不少。

墙壁刷成灰色,看上去很别致。说起灰色,人们首先想到的是单调、冷冰冰的建筑外观,但其实灰色也可以做暖色内饰,效果很出众。

棕色和浅木色(2,3)用作地板、窗户和门框的颜色,来衬托灰色的背景色。

巧克力色(4)和绿松石色(5)是一组经典的搭配。选用棕色的皮革家具和相框,配上一条绿松石色的绒毯或一部该色的电话。在壁炉架上放一块真的绿松石作为装饰。

苔藓绿色、鼠尾草绿色与柳绿色

绿色与灰色的配色方案。

色调丰富的中性色表现力也很强。将苔藓绿色(1)与粉色和柳绿色(2)搭配,十分漂亮。颜色会根据自然光和人工光源的变化而变化,中性色就像一块上了底色的画布,你可以自己随意搭配。

鼠尾草绿色(3)自然又美丽,能给人一种轻松感,可用来粉刷地板、厨房或浴室柜,在卧室里铺就该色的豪华地毯也不错。

选用柳绿色(2)的落地窗帘和木制品。

青白色(4)很亮,天花板或地板刷成该色,可以加强光线的反射,增加房间亮度。

玫瑰色(5)会使房间变得更漂亮,推荐在花瓶里插满像牡丹花一样粉红色的花朵。

贵重的金属色

这款配色并不适用于大多数人的室内装饰。柔和的白色色调与银灰色(1)的搭配较难驾驭。但它是一款极具个人风格的时尚配色,贵金属色显得非常有品位。

利用中性色打造出沙龙风格。

浅骨色(2)非常柔和,适合用于厚绒毯子和毡子。镜子和玻璃在房间里是很重要的存在。最好在一面墙上挂上斜边镜子,这样会使房间看起来又大又明亮。

深灰色(3)用于木制品和家具。找一把20世纪30年代风格的雕花木椅或躺椅,挑选闪闪发光的丝绒面料做椅套。

可选用浅瓷灰色(4)和薄暮灰色(5)的透明窗纱。

风吹日晒的海滨

一组与海有关的颜色组合。

铅白色(1)让人联想到海边的木房子。经过带有咸味的空气和凛冽海风的日夜吹刷,房子表面的油漆失去光泽,呈现出一种奇妙的自然亚光效果。沿海住宅有着其独特的设计风格,你可以将该设计理念用在自己的家中。

铅白色(1)与海绿色和蓝色十分相搭。家具尽量选用木质表面,最好使用清漆,漆上薄薄一层涂料,就可以呈现出风化的褪色效果。

海水泡沫色(2)用于木地板或油毡地板。天蓝色(3)很适合用作浴室家具的颜色,或用于橱柜。

可以选用海蓝色(4)和蓟色(5)的手工陶瓷器皿。

鲜艳的强调色

墙面刷成浅浅的灰色(1), 在上面设计你自己的图案。用亮色作为强调色,吸人眼球,这样在你下次更换房间颜色的时候就会更经济方便些。

中性色背景与亮色强调色的搭配。

这里有四款粉色,从最浅的芭蕾舞鞋粉色(2)到最深的覆盆子色(5)。四种颜色混合用于细条纹或圆点图案的布料,用来制作椅套和沙发套。

在白色色调的房间里添一些色彩鲜艳的饰品,效果很棒。用天竺葵色(4)给架子和桌子上色,或者用粉色的条形灯具从下往上打光。

在房间的角落里装上粉色色调的彩色小灯。这些漂亮的粉色将在白墙的衬托下熠熠生辉。

精细的色调

着色的白色在室内设计中很受欢迎,一点点微妙的色调就会使最终效果截然不同。将香草色(1)作为主色,蜂蜜色和肉桂色(4)作为强调色,在白墙的衬托下十分互补,效果很棒。

一组适用于厨房的完美配色。

亚麻色(2)色调适中,为房间增添了一丝暖意,用它作为软装饰品和窗帘的颜色。

麻绳色(3)是一款暖调中性色,带有一些粉色色调,可将其用于厨房的操作台面和橱柜。

肉桂色(4)较深,非常适用于厨房。选用天然的陶瓷地砖铺在地上。挑一些地中海风格的手工餐具。用木制品上加一些像铜饰一样的金属配饰,来提升现代感。

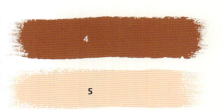

粉状化妆品

将大理石色(1)作为主色，配上精致的胭脂色和闪闪发光的粉色。最后配上深梅子色(5)的玻璃花瓶和抛光桌面来完成设计。

本配色灵感来源于化妆品，适用于女孩子的卧室。

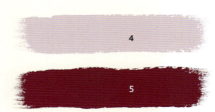

这些粉色调很漂亮，在卧室里，将白色色调搭配精致柔和的强调色，效果十分惊艳。

家具款式应该简单些。选用眼影粉色(2，3)的软装饰品，搭配珠光装饰，用于床头柜、抽屉和衣柜。

地板刷成灰蒙蒙的淡紫色(4)并选用该色的床上用品。

用梅子色(5)作为点缀，适合用于高光木制品和床架。

天真烂漫

本配色中有许多对比,银狐色(1)配上一些亮色颜料,显得生机勃勃。本配色适合用于阳光充足的房间,这样色彩才能显得更亮丽。推荐选用有光泽的现代风格饰面。

蓝色、黄色配上宁静的灰色,效果令人愉悦。

银狐色(1)作为主色,用于墙壁和地板。用其他颜色来突出房间的细节和装饰品。

冰蓝色(2)可以用于天花板,房间会显得明亮且轻快。

选用夏日感十足的天空蓝色(3)给木制品上色,孩子们会非常喜欢这种天真的感觉。

在浴室里,选用蓝色和黄色(4,5)的装饰品,营造愉悦的气氛。

日落黄昏

日落时分，万物都被镀上一层漂亮的颜色，这是一个非常美丽的时刻。尝试薄暮灰色(1)和粉色的搭配，捕捉这一刻的美丽。

精致的阳光色调可以反射房间周围的光线。

1

2

3

选用的颜色在夜光下会有像夕阳一样的美丽效果，温暖了房间。

4

薄暮灰色(1)既柔和又漂亮，配上日落粉色(3，4)和醒目的橙红色(5)，为房间添了一丝暖意。

5

选用鸽灰色(2)的天鹅绒或绒面革沙发。在沙发上放几个粉色和橙色的靠垫。

在灰色墙上装一盏橙红色调的玻璃灯。即使在日落之后，房间也能继续维持温暖的气氛。

飘落的落叶

夏去秋至,树叶开始变得枯黄,从绿色变成黄褐色,再到褐色。像开司米色(1)这样的颜色一直以来都是画家创作的灵感之一。学会观察并记录四季呈现的不同色彩,将其运用到你的室内设计中。

秋日的中性色丰富又诱人。

本配色适合用于厨房和餐厅。墙壁刷成开司米色(1),摩卡色(2)用于橱柜和陈列柜。

黄褐色(3)可做厨房操作台面的颜色。

选用深色的漆木地板,如巧克力色(5),浓郁又温暖。如果房间里有开放式壁炉,选用巧克力色的壁炉砖来装饰。

桃色(4)可与黄褐色和巧克力色混合用作沙发套和窗帘的颜色。

人造毛皮

如今，有许多高质量的人造制品可代替天然皮毛。兔毛色(1)的披肩、床罩、地毯或染色羊毛毯已成为室内设计中不可或缺的一部分。试着用这些华丽又舒适的面料，把自己的卧室装饰得像俄罗斯公主的寝宫一样。

本配色灵感来源于人造毛皮的颜色。

人造毛皮亮丽又柔软，色彩选择更多。将貂灰色(2)用作于卧室的背景色。

用灰蒙蒙的石楠色(3)来给木制品和地板上色，看上去漂亮又冷酷。

把染成深紫色(5)的羊毛地毯铺在床的周围。

用染成淡紫色的羽毛来装饰灯罩和靠垫，使房间看上去更有质感。

冬天的灰色和冰薄荷色

清新的薄荷色和鸽灰色(1)十分搭配。本配色非常适用于浴室或现代简装厨房。选用易擦洗的防水表面,对地砖做防霉处理,使鲜亮的颜色维持得更久。

冰绿色与灰色的配色方案。

墙壁刷成灰色,清新的绿色色调可随意用在房间的细节装饰上。

地板可刷成冰绿色(2),材料选用现代的树脂地板或橡胶砖即可。

选三款色调深浅不一的薄荷色(3,4,5),最浅的颜色可以用在大面积的装饰上,如浴室器具、淋浴房和橱柜门。

永不过时的沙漠色调

自然色调简单又纯粹。本配色宣扬的是最简单的生活方式。在城市公寓里,矿石灰色(1)能营造出一种朴实无华的环境。

一组经典的配色。

这里没有任何华而不实的装饰品。烹饪、用餐、会友,简单生活中的快乐是房间最好的装饰。

房间里的炉灶和木质餐桌是视线的焦点。可用砾石色(3)给木质表面上色。

用天然石板来铺地,可考虑安装地暖来为房间增添暖意。

温暖的赤褐色(4,5)可用于陶土器皿或手工制作的马克杯。

霓虹般的亮色

有很多种带灰色色调的中性色,你可以随意地选用暖色调或冷色调的灰色,来衬托其他颜色。石板灰色(1)是一款完美的背景色,十分柔和,在它的衬托下,几款霓虹颜色鲜艳又醒目,提亮了房间。

鲜艳醒目的亮色与灰色的搭配。

用亚光的灰色(2)给木制品上色,在墙上镶上串珠状缘饰的护墙板。

给一把椅子盖上霓虹粉色(4)的天鹅绒椅套,并将它放在灰色墙前,另一把椅子放上霓虹黄色(5)的靠垫,放在房间的另一侧。在壁炉架上交替摆放黄色和粉色的花瓶。

钛和不锈钢

本配色灵感来源于美国建筑师弗兰克·盖里所设计的古根海姆博物馆。其主要的设计特色是干净利落,利用金属板做成的建筑结构体现了其现代、高科技的风格。在家中,你可以把墙壁刷成钢色(1)并使用不锈钢作为橱柜的材料。

打造一间凉爽、现代的厨房。

不锈钢材料表面光洁,能反射颜色,也不至于太耀眼。

浅银色(2)可用于高光泽地板。地板材质使用抛光混凝土或有玻璃光泽的树脂地砖。

酷蓝色(3)能平衡房间的灰色色调。选用亮蓝色(4)玻璃做工作台面的材料。

添置几个深藏青色(5)的靠垫,面料可选柔滑的羊毛法兰绒,看上去十分高雅。

炭灰色和黄褐色

在一些棕褐色调和棕红色调的搭配下,炭灰色(1)显得十分温暖。较深的颜色可以为房间增加私密感和庄重感。天花板可以刷成白色,避免房间过于昏暗。

深灰色调十分适用于餐厅。

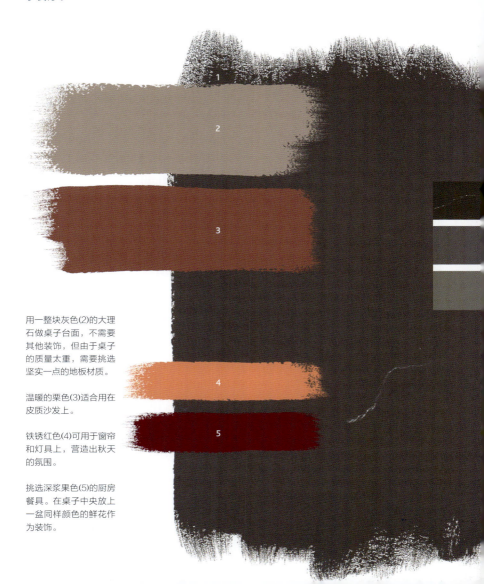

用一整块灰色(2)的大理石做桌子台面,不需要其他装饰,但由于桌子的质量太重,需要挑选坚实一点的地板材质。

温暖的栗色(3)适合用在皮质沙发上。

铁锈红色(4)可用于窗帘和灯具上,营造出秋天的氛围。

挑选深浆果色(5)的厨房餐具。在桌子中央放上一盆同样颜色的鲜花作为装饰。

致谢

我必须感谢给予我无私帮助的人们,没有他们,这本书无法顺利完成。

感谢夸尔托公司的所有同仁对我能力的认可及信任,感谢他们容忍我的完美主义倾向,感谢他们让我得到学习机会。其中,我要特别感谢凯特、莫伊拉和佩妮。

感谢安娜和克劳迪娅在图片研究方面的耐心;感谢斯蒂芬总是以非常绅士的方式解决我的问题;感谢特里莎的无限热情和能量。特别感谢苏姬愿意为本书拍摄清晰、美观的照片,以及她源源不断的建议和创造性的支持。

最后,我想把这本书献给伊恩,是他教会了我去发现每一天的美好,在编写本书的过程中,他竟然还向我求婚了!

编写一本关于色彩的书非常需要勇气——世界上有太多美丽的色彩和组合,如何取舍是道难题。我希望本书能带来些许启发,让我们共同欣赏我们身处的迷人星球,并尝试在简单的日常经历中发现美、享受美。

色彩的准确性

很多印刷书中的色彩不能精确地还原真实的色彩。但是你可以完全信赖本书。书中的色彩具有很高的精确性,与实际效果相差无几。你完全可以参照它来选择室内装潢的颜色,最终得到的效果肯定比印在每一页上的色块更鲜活亮丽。由于印刷和实际效果有细微差别,每一批漆料的颜色也可能有细微的不同,建议你在实际操作中买同一批漆料,以避免色差。